普 通 高 等 教 育
合成生物学专业系列教材

合成生物学基础实验教程

Fundamental Laboratory Textbook in Synthetic Biology

张 驰 主编

化学工业出版社
· 北 京 ·

内容简介

《合成生物学基础实验教程》结合最新科研成果与实验技术，系统介绍了合成生物学领域中的核心基础实验技术，特别针对丝状真菌、大肠杆菌及解脂耶氏酵母等微生物的实验操作，涵盖了同源重组、CRISPR 基因编辑、农杆菌介导转化、荧光蛋白共表达、RNA 干扰等基础和前沿技术，每个实验章节按照实验的目的、原理、材料和仪器设备、步骤、结果进行详细阐述，配有思考题，帮助学生深入理解实验背后的科学原理与技术应用。

本教材注重基础实验技能与科研能力的并行培养，可作本科生和研究生的实验教学用书，也能为科研人员提供实践操作的参考，是合成生物学教学与科研实践的重要参考工具。

图书在版编目（CIP）数据

合成生物学基础实验教程 / 张驰主编. -- 北京 : 化学工业出版社, 2026. 2. --（普通高等教育合成生物学专业系列教材）. -- ISBN 978-7-122-49589-1

Ⅰ. Q503-33

中国国家版本馆 CIP 数据核字第 2025AD5253 号

责任编辑：江　娟　　　　装帧设计：刘丽华
责任校对：刘　一

出版发行：化学工业出版社
（北京市东城区青年湖南街 13 号　邮政编码 100011）
印　　装：河北延风印务有限公司
710mm×1000mm　1/16　印张 8¼　彩插 8　字数 162 千字
2025 年 12 月北京第 1 版第 1 次印刷

购书咨询：010-64518888　　　　售后服务：010-64518899
网　　址：http://www.cip.com.cn
凡购买本书，如有缺损质量问题，本社销售中心负责调换。

定　　价：30.00 元

本书编写人员

主　　　编　张　驰（南京师范大学）

参与编写人员　徐　晴（南京师范大学）

张　幸（南京师范大学）

薛　锋（南京师范大学）

乔　梦（中国药科大学）

孙小曼（南京师范大学）

顾　洋（南京师范大学）

崔海洋（南京师范大学）

龙南彪（邵阳学院）

前言

合成生物学（Synthetic Biology）作为生命科学与工程学深度交叉的新兴学科，近年来发展迅速。它不仅推动了我们对生命基本规律的理解，也为农业、医药、能源、材料等领域的研究提供了新的解决方案。合成生物学的核心思想是“设计—构建—测试—应用”，强调以工程化思维改造和创造生物系统。在这一过程中，实验技术是实现理论设想与工程目标的关键环节。

《合成生物学基础实验教程》立足于高等院校合成生物学、生物科学、生物技术、食品科学与工程及相关专业的本科生和研究生教学实践，系统介绍了合成生物学研究中常用的实验方法与操作流程。全书内容涵盖了从经典的同源重组到前沿的 CRISPR-Cas 基因编辑技术，从模式微生物到非模式微生物的多种实验技术，并引入了 RNA 干扰、荧光定量检测、蛋白表达与分析等综合实验。通过这些内容的学习与训练，读者不仅能够掌握相关实验技能，还能加深对合成生物学研究思路与策略的理解。

在教材编写过程中，我们力求突出以下特色：

1. 基础性与前沿性结合——注重巩固学生对分子生物学和遗传学的实验基础，并在研究中整合了当下合成生物学的关键平台技术。

2. 理论与实践结合——每个实验均配有背景原理、实验材料与方法、结果分析与思考题，帮助学生实现由“会操作”向“会思考”的转变。

3. 规范性与启发性结合——在强调实验操作规范性的同时，注重培养学生的创新意识与科研思维。

4. 模式生物与非模式生物兼顾——在介绍丝状真菌和大肠杆菌等常见模式生物的实验方法基础上，特别增加了解脂耶氏酵母等非模式微生物的基因组编辑实验，紧密贴合工业生产中常见的应用场景，增强了知识的实用性与前瞻性。

本教材的主编和参编人员主要来自南京师范大学黄和院士“合成生物学”教学团队，其中张驰统编全书且具体编写实验 1、3、5～15、17、19～22，徐晴和薛锋共同编写实验 2，孙小曼和顾洋共同编写实验 16，张幸和中国药科大学乔梦共同编写实验 18、另外邵阳学院龙南彪和南京师范大学崔海洋共同编写实验 4。

在此，谨向黄和院士长期以来对合成生物学教学工作的引领与支持表示衷心感谢！本书在编写过程中，多位南京师范大学研究生和本科生参与其中，包括莫莉、李嘉楠、傅天麟、黄苏涛、张蕊、许迎宴、李珂、闫春晓、丰菲、杨东东、李晨冰、昝家琨、蔡培昆、王瑶、高传荐、陆泽桐、杜菲、杨紫娴。他们在素材提供、实验验证、插图绘制及相关 PPT 制作中给予了协助支持。同时，也感谢南京师范大学陆玲提供曲霉遗传转化技术支持。

本教材由南京师范大学食品与制药工程学院合成生物学学科建设经费资助出版。我们期望本教材不仅是学生进入合成生物学研究领域的“入门手册”，也是青年教师组织实验教学与科研训练的有益参考。由于学科发展日新月异，书中内容难免存在不足之处，诚挚希望广大读者和同行提出宝贵意见，以便在今后的修订中不断完善。

书中的质粒信息和教学课件请从化工教育平台（网址：www. cipedu. com. cn）下载。

张驰
2025 年 9 月 10 日

目录

第五章
解脂耶氏酵母的基因组编辑 / 076

第六章
农杆菌介导转化技术在真菌中的应用 / 100

第七章
RNA 干扰技术在真菌中的应用 / 116

第一章

同源重组策略敲除丝状真菌基因

实验 1　巢式 PCR 技术融合三段目的 DNA

一、实验目的

本实验旨在掌握巢式 PCR（Nested Polymerase Chain Reaction）技术在多段 DNA 片段定向融合中的应用，理解其在丝状真菌基因敲除中的关键作用。通过设计特异性引物，将靶基因上游同源臂、筛选标记基因（如抗性基因/营养缺陷筛选基因）以及下游同源臂三段 DNA 片段融合，构建具备定点整合能力的基因敲除 DNA 片段。通过本实验，学生将掌握或理解：①多段 DNA 序列的设计与引物搭配策略；②PCR 产物的分步扩增及融合技术；③该方法在丝状真菌以及其他物种基因功能研究中的应用价值。

二、实验原理

聚合酶链式反应（Polymerase Chain Reaction，PCR）是一种在体外条件下扩增特定 DNA 片段的技术，依赖于 DNA 模板、特异性引物、热稳定 DNA 聚合酶以及三步循环反应：变性（Denaturation）、退火（Annealing）和延伸（Extension）。其关键在于通过引物（单链 DNA）识别特定 DNA 区域，实现精确扩增。

PCR 依靠反复的变性、退火和延伸三步循环实现目标 DNA 的指数级扩增：在高温下（变性，94～98℃）模板 DNA 双链分开为单链，引物在降温过程中（退火，一般在 50～65℃）与特定位点结合，为 DNA 聚合酶提供起始点，在延伸温度下（一般 72℃），DNA 聚合酶沿模板方向合成新的互补链。第一、二个循环中不仅产生全长链条，也会出现两端未完全由引物界定的片段，但从第三个循环起即可获得两端都由引物确定的特定 DNA 片段，随着循环次数增加，目标片段数量按 2^n 倍增长（图 1-1），最终在体系中占据主要产物，实现对特定序列的快速、高度特异性丰量扩增。

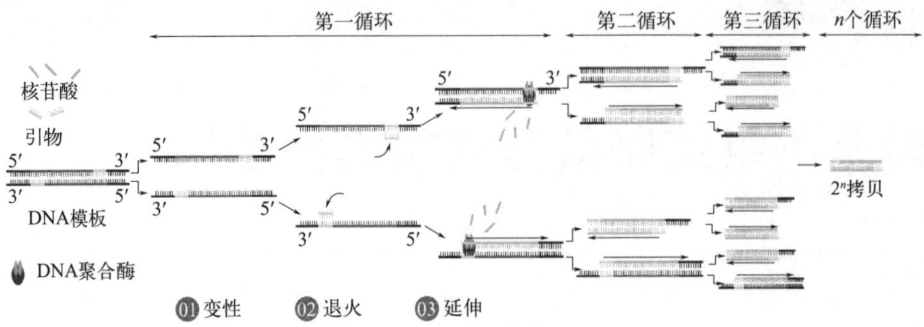

图 1-1　PCR 原理示意图

在基于同源重组的基因敲除策略中，需要将三个 DNA 片段（靶基因上游同源臂、筛选标记基因和下游同源臂）无缝拼接，传统酶切连接方法效率较低、操作烦琐。因此，融合 PCR（Fusion PCR）技术应运而生。融合 PCR 的原理在于：通过引物设计，在待拼接的 DNA 片段之间引入短的互补重叠序列（通常为 20～30bp）。首先分别扩增三段 DNA 片段，使其末端带有可重叠区域。随后将三段产物纯化混合，加入外侧巢式引物，进行融合/巢式 PCR（Nested PCR）扩增，获得完整的融合产物（图 1-2）。由于这些巢式引物仅结合于目标片段内部区域，可显著减少非特异性扩增和背景干扰，从而获得更纯净的融合片段，提高下游实验的成功率。

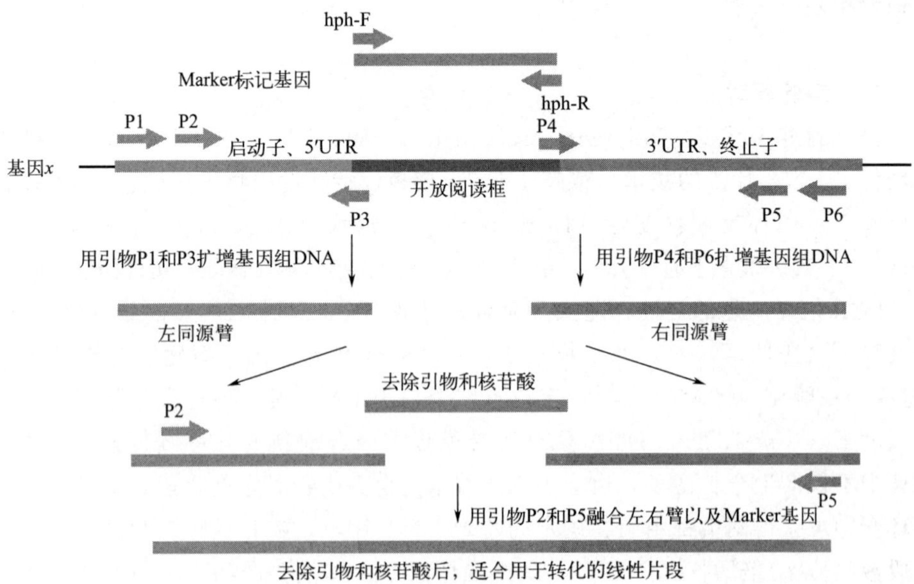

图 1-2　巢式 PCR 和融合 PCR 原理图

综上，本实验采用融合 PCR 结合巢式 PCR 技术，将目标基因的上游同源臂、抗性筛选基因（如潮霉素抗性基因 *hph*/*hygR*、乌嘧啶营养缺陷筛选标记 *pyrG*）和下游同源臂三段片段无缝融合，获得可用于丝状真菌基因敲除的融合片段。该策略具有操作简便、无需酶切等优势。

三、实验材料和仪器设备

1. 实验材料（微生物、试剂与培养基）

具体内容见表 1-1。

表 1-1　实验材料

类别	名称	规格/说明
菌株	黑曲霉（*Aspergillus niger*）ATCC 1015	供体菌株，用于基因组 DNA 提取和基因敲除验证对照
质粒	pAN7-1（序列请从化工教育平台下载）	含筛选标记基因 *hph*（潮霉素抗性基因），用于融合片段中间体
培养基	PDA 平板	马铃薯葡萄糖琼脂培养基，用于黑曲霉孢子诱导与生长；1L 配方：马铃薯提取液 200g、葡萄糖 20g、琼脂 15g
培养基	PD（Potato Dextrose water/马铃薯葡萄糖水）液体培养基	用于真菌菌体培养和基因组 DNA 提取，1L PD 培养基含 26g 马铃薯葡萄糖水
培养基	LB 培养基	用于细菌菌体培养；1L 配方：酵母提取物 5g、蛋白胨 10g、氯化钠 10g（固体需要加 15g 琼脂）
DNA 提取	真菌基因组 DNA 提取试剂盒	如诺唯赞、生工等品牌
PCR 相关	高保真 DNA 聚合酶	如 2×Phanta Max Master Mix、PrimeSTAR Max 等
PCR 相关	正反向引物	自行设计，部分引物带有重叠序列用于融合
电泳缓冲液	50×TAE 缓冲液	1L 配方：Tris（三羟甲基氨基甲烷）242g、醋酸（Acetic Acid）57.1mL、EDTA（二钠盐）18.6g
电泳相关	琼脂糖、DNA 染料（如 GelRed）、DNA Marker	检测 PCR 扩增片段
DNA 纯化	DNA 胶回收试剂盒（凝胶回收型）	提取目标条带片段，用于二轮融合 PCR

2. 实验仪器设备

具体内容见表 1-2。

表 1-2　实验仪器设备

类别	名称	用途说明
培养设备	恒温培养箱（28～30℃）	培养黑曲霉
安全操作	生物安全柜	无菌操作，如孢子接种、液体转移等
样品处理	高速离心机、台式微量离心机	细胞收集、沉降与样品处理
混匀设备	涡旋混合器	液体混匀
浓度测定	NanoDrop	DNA 浓度与纯度测定
PCR 扩增	热循环仪（建议为梯度 PCR 仪）	融合 PCR 及巢式 PCR
电泳分析	电泳槽、电源、凝胶成像系统	检测 PCR 产物
操作耗材	微量移液器及吸头	液体加样
温控辅助设备	金属浴或水浴锅	酶反应或样品处理

四、实验步骤

以敲除黑曲霉 *brlA* 基因（编码无性产孢中心调控因子，缺失后菌株产孢缺陷且白化）为例。

1. 第一步：黑曲霉菌株培养与基因组 DNA 提取

在 PDA 平板上划线接种黑曲霉 ATCC 1015 孢子，28℃培养 4d，生成丰量无性孢子；用无菌水刮取孢子液，调节浓度至约 10^6/mL；向 100mL PD 液体培养基中接种孢子液，28℃、200r/min 培养 48h；用纱布过滤菌丝；采用试剂盒提取基因组，利用 NanoDrop 检测浓度与纯度（$A_{260}/A_{280}\approx1.8$），稀释至 50ng/μL 备用。黑曲霉基因组可使用自配小量提取试剂，可参考本书“实验 3”叙述。

2. 第二步：准备筛选标记基因模板

从甘油保藏管中取出含有 pAN7-1 质粒的大肠杆菌，接种于 LB 液体（含 100μg/mL 氨苄青霉素），37℃、200r/min 培养 12h；使用商业小量质粒提取试剂盒提取携带 *hph* 基因的质粒（如 pAN7-1）；检测质粒 DNA 浓度，稀释至 50ng/μL 备用。

本实验以诺唯赞质粒柱式提取试剂盒（8min FastPure Plasmid Mini Kit）使用为例简述质粒提取过程，如下：取 1～4mL 的过夜大肠杆菌培养液（含目标质粒和抗性标记），以 12000r/min（13400×*g*），1min 离心收集菌体，尽量弃尽上清液。将菌体充分重悬于 150μL 缓冲液 P1（重悬缓冲液，含 RNase A，用于去除 RNA 并维持菌体稳定悬浮）中。必须完全重悬，否则会导致裂解不充分，影响提取效率。向悬液中立即加入 150μL 缓冲液 P2（裂解液，含有碱和去垢剂，用于裂解细胞壁和细胞膜，使质粒和基因组 DNA 游离）。温和地上下颠倒混匀 10 次，直至溶液变为蓝色清亮黏稠状。此步骤操作时间不应超过 3min，以免质粒受损；向混合液中立即加入 350μL Buffer NP3（中和液，含酸性盐，用于中和碱裂解体系并沉淀蛋白质、细胞碎片和基因组 DNA）。迅速上下颠倒混匀 15～25 次，直至蓝色完全消失，此时应出现白色絮状沉淀；将混合液 12000r/min（13400×g），2min 离心，沉淀细胞碎片和基因组 DNA。小心收集澄清上清液，避免吸取沉淀。将所得上清液转移至 FastPure DNA Mini Column Ⅳ（硅胶膜吸附柱，用于选择性结合质粒 DNA），置于 2mL 收集管中。12000r/min，30s 离心，弃去流出液。向吸附柱中加入 700μL 缓冲液 PW（洗涤液，含有盐和乙醇，用于去除残留蛋白质和盐离子等杂质）。12000r/min，30s 离心，弃去流出液。将吸附柱重新放回收集管，12000r/min，1min 离心，进一步去除残余乙醇。将吸附柱转移至新的 1.5mL 无菌离心管。向柱膜中央加入 30～100μL 洗脱缓冲液（低盐缓冲液，用于洗脱吸附在膜上的质粒 DNA；推荐使用 ddH_2O 替代），静置 1～2min。12000r/min，0.5～1min 离心，收集下清液，即为纯化的质粒 DNA。洗脱体积建议不少于 30μL，否则回收效率会降低。若将洗脱液预热至 65℃或重复洗脱一次，可提高产量。将提取的质粒 DNA 利用 NanoDrop 测浓度后于 −30～−15℃冷冻保存，以保证其长期稳定性；若短期使用，可存放于 4℃。

3. 第三步：三段目的片段 PCR 扩增（左同源臂、*hph*、右同源臂）

（1）引物设计原则

① 长度：18～30bp，确保特异性，如果需要添加外源序列可延长。

② GC 含量：40%～60%，避免极端偏 GC 或偏 AT。

③ T_m 值（退火温度）：55～65℃，上下引物 T_m 尽量相近（差距≤2℃），引物额外附加序列不计入 T_m 值计算。

④ 3′端设计：避免连续 3 个 G/C 结尾，最好以 G 或 C 结尾。

⑤ 避免结构：避免发卡结构、同源引物互补、引物二聚体。

（2）引物设计　从 FungiDB 网站获取 *brlA* 基因序列，以 *brlA* 起始密码子上游 1200bp 序列为左同源臂，终止密码子下游 1200bp 序列为右同源臂。

① 左同源臂：使用 P1 和 P3 引物对扩增，P3 5′端含与 *hph* 起始端重叠约 20nt 的重叠序列。

② *hph* 片段：约 2600bp，使用 hph-F 和 hph-R 引物对扩增。

③ 右同源臂：使用 P4 和 P6 引物对扩增，P4 尾部含与 *hph* 末端约 20nt 的重叠序列。

④ 按照表 1-3（总体积 25μL）配制 PCR 反应体系：

表 1-3 PCR 反应体系

组分	用量
模板 DNA	1μL
上游引物（10μmol/L）	1μL
下游引物（10μmol/L）	1μL
2×高保真 DNA 聚合酶混合液（例如 2×Phanta Max Master Mix）	12.5μL
ddH_2O	9.5μL

按照表 1-4 设置 PCR 程序，运行 PCR。

表 1-4 PCR 运行程序

步骤	温度/℃	时间	循环次数
预变性	95	3min	1
变性	95	15s	—
退火	55～60	30s	30
延伸	72	30s/kb	—
终延伸	72	5min	1
保温	4	∞	1

注：具体 PCR 程序设置需要根据所使用的 DNA 聚合酶说明书操作。

（3）电泳检测和回收

① 常用琼脂糖浓度与适用 DNA 片段大小见表 1-5。

表 1-5 琼脂糖凝胶浓度分离 DNA 分子适配表

琼脂糖浓度/%	适合分离的 DNA 大小范围/bp
0.5	1000～30000（超大片段，适合大片段基因组 DNA）
0.7	800～12000
1.0	500～10000（最常用，用于常规 PCR 产物回收）
1.2	400～7000
1.5	200～3000（常用来检测小 PCR 片段或质粒线性化产物）
2.0	50～2000（适合小片段 DNA、引物二聚体分离）
3.0	20～1000（较少使用，分离极小片段，如引物、寡核苷酸）

本实验所有 DNA 大小都适配 1%的琼脂糖凝胶，配方如表 1-6 所示。

表 1-6 1%琼脂糖凝胶配方

材料	用量（以 50mL 凝胶为例）
琼脂糖粉末	0.5g
1×TAE 缓冲液	50mL（或使用 1×TBE）
核酸染料（如 GoldView、GelRed 等）	1μL/10mL

配制过程如下：

a. 在烧杯中加入 0.5g 琼脂糖和 50mL 1×TAE 缓冲液，轻轻摇匀。

b. 微波炉加热（1～3min），中途可暂停摇匀，直至琼脂糖完全溶解。

c. 稍冷却至不烫手（50～60℃）后，加入适量核酸染料，混匀。

d. 倒入电泳胶槽，插入大孔梳子，室温下静置 20～30min 待凝固。

② 样品准备与电泳运行：

a. 将胶槽放入电泳仪中，加入 1×TAE 缓冲液覆盖胶面。

b. 将 PCR 产物与 10×上样缓冲液按 9∶1 体积比例混合，小心加载至琼脂糖凝胶样品孔中。如 PCR 反应体系本身含有上样缓冲和指示剂成分，则直接上样即可。

c. 在空白孔加入 4μL DNA Marker（如 DL2000、1kb Ladder）作为对照。

d. 设定电压 120V，电泳 20～30min，直到指示剂染料前沿跑至胶体 2/3 处。

③ 使用紫外成像系统（如凝胶成像仪）观察 DNA 条带位置：

a. 根据对比 Marker 判断片段的大小，确认是否扩增成功。

b. 佩戴防护眼镜和手套，使用洁净刀片切取对应 DNA 条带。

c. 将胶块转移至 1.5mL EP 管，按照说明使用商业胶回收试剂盒回收 DNA，测定浓度，并调至 20～50ng/μL 备用。

本实验以诺唯赞柱式胶回收试剂盒（FastPure® Gel DNA Extraction Mini Kit）使用为例简述胶回收过程，如下：在紫外灯下快速切下含有目标 DNA 的琼脂糖凝胶条，建议用纸巾吸干表面液体并将凝胶切碎，尽量去除多余的琼脂糖。称取凝胶重量（去除空管重量）。按 100mg 凝胶≈ 100μL 体积计算，作为“凝胶体积”。加入等体积缓冲液 GDP（DNA 结合液）：向凝胶中加入等体积的缓冲液 GDP（含高盐与变性剂，破坏琼脂糖结构并促进 DNA 与硅胶膜结合）。将混合物置于 50～55℃水浴，根据凝胶块大小适当延长时间，确保凝胶完全溶解。期间可颠倒混匀 2 次加速溶胶。若回收片段≤100bp，需加入 3 倍体积缓冲液 GDP，溶胶后再加入等倍凝胶体积的异丙醇混匀，再继续下一步操作。短暂离心收集管壁液滴。将 FastPure DNA Mini Columns-G 吸附柱置于收集管中，转移不多于 700μL 的溶胶液至吸附柱中，12000r/min（13800×g）离心 30～60s。若溶液体积>700μL，重复装柱与离心步骤直至全部溶液通过柱膜。再次加入缓冲液 GDP 清洗柱内残留，弃滤液，吸附柱重新放入收集管中，加入 300μL 缓冲液 GDP（DNA 结合液）至吸附柱，静置 1min 后离心 30～60s（此步骤有助于进一步结合残留 DNA）。弃滤液，加入 700μL 缓冲液 GW（漂洗液，已加乙醇）沿柱壁加入，12000r/min 离心 30～60s。重复上一步骤，确保彻底去除盐分及杂质。弃滤液，吸附柱置回收集管中，12000r/min 离心 2min 去除柱内残余漂洗液。将吸附柱置于 1.5mL 灭菌离心管中，加入 20～30μL 洗脱缓冲液（低盐 Tris 缓冲液）滴加至柱膜中央，静置 2min 后 12000r/min 离心 1min。若需更高产量，可将初次洗脱液再次加回柱中重复洗脱一次；回收>3kb 片段时建议将洗脱缓冲液预热至 55℃以提高效率。弃去吸附柱，将洗脱得到的 DNA 溶液保存于−20℃备用。本试剂盒也可用于 PCR 产物纯化试剂盒，具体步骤参照试剂盒说明书。

4. 第四步：使用巢式引物融合目标 DNA

（1）按照 50μL 配制高保真 PCR 体系，具体如表 1-7 所示：

表 1-7　高保真 PCR 体系

组分	用量/μL
模板 DNA（三目标片段按摩尔比 1∶1∶1 加样，三者质量之和控制在 50～100ng）	x
P2 引物（10μmol/L），位于 P1 下游 200bp 以内	2
P5 引物（10μmol/L），位于 P6 上游 200bp 以内	2
2×高保真 DNA 聚合酶混合液（例如，2×Phanta Max Master Mix）	25
ddH_2O	至 50

（2）按照上述 PCR 程序运行 PCR，取 2μL 电泳检测是否扩增出目标融合条带。

5. 第五步：使用商业 DNA 纯化试剂盒回收 DNA，测定浓度，保存至−20℃备用。

五、实验结果

1. 列出所设计的 P1～P6 引物，并给出 T_m 值（退火温度）

引物列表见表 1-8。

表 1-8 引物列表

引物	序列（5′-3′）	T_m 值
P1		
P2		
P3		
P4		
P5		
P6		
hph-F		
hph-R		

2. 三段独立 DNA 片段的电泳图

具体内容见图 1-3。

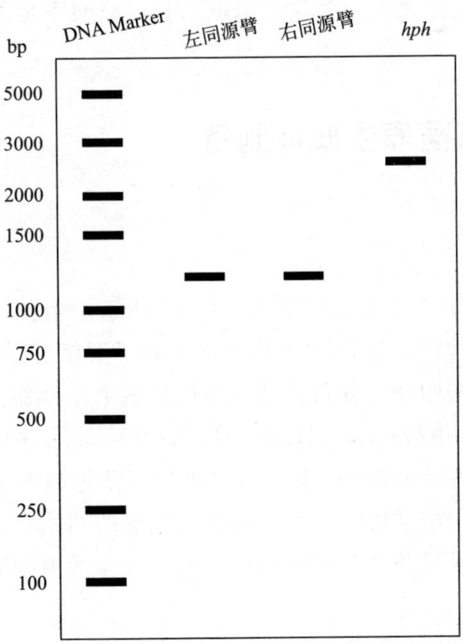

图 1-3 三段独立 DNA 片段的电泳图

3. 融合 DNA 片段电泳图以及最终浓度

具体内容见图 1-4。

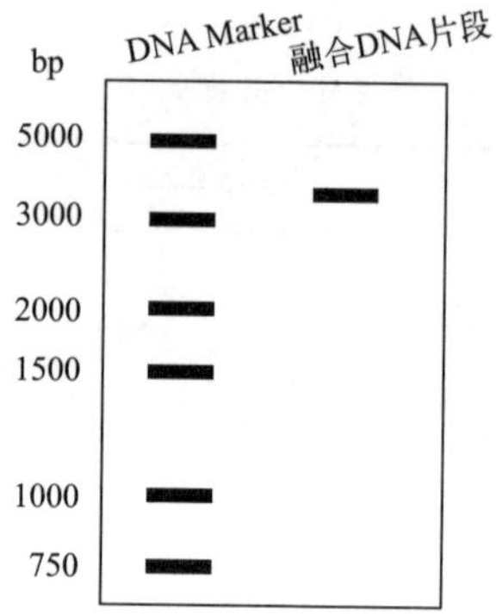

图 1-4 融合 DNA 片段电泳图

六、思考题

1. 巢式 PCR 在三段 DNA 融合中具有哪些优势？请结合外引物与内引物的设计策略，分析该技术是如何提高扩增特异性和产物纯度的。

2. 融合 PCR 过程中会存在融合失败的现象，请思考如何改进设计？

3. 在进行融合 PCR 之前，为何要采取切胶回收而不是 PCR 产物直接纯化？

实验 2 丝状真菌原生质体制备

一、实验目的

本实验旨在掌握丝状真菌原生质体（Protoplast）制备的基本方法，理解其在基因编辑中的重要作用。通过本实验，学生将了解细胞壁的组成与降解原理，掌握利用酶解法去除细胞壁、获得活性原生质体的具体操作流程。学生还将学习如何优化酶解条件（如酶种类、浓度、pH、温度、时间等）以提高原生质体产量和活力。实验为后续的外源 DNA 导入、丝状真菌遗传改造提供必要的基础平台。通过本实验，学生将掌握：①丝状真菌细胞壁的结构特征与降解原理；②原生质体制备的关键技术步骤及常用材料；③原生质体活力判断与保存方法。

二、实验原理

丝状真菌的细胞壁是其维持形态、保护细胞以及调节细胞内外物质交换的重要结构，主要由疏水蛋白、色素、几丁质、β-葡聚糖、糖蛋白和少量纤维素等多糖类和蛋白质构成（图 1-5）。这种坚固的细胞壁结构阻碍了大分子 DNA 进入细胞，因此在进行遗传操作之前，需将其去除，制备出无细胞壁但仍保持存活能力的原生质体。

制备原生质体的基本方法是利用特定的细胞壁降解酶（如裂解酶、溶壁酶、壳聚糖酶、纤维素酶、葡聚糖酶等），在适宜的缓冲液条件（通常含有渗透压保护剂如 1.2mol/L $MgSO_4$、0.6mol/L KCl 或 1.2mol/L 山梨醇）下，对刚萌发的幼殖体（疏水蛋白层和色素层自动解离）进行酶解处理，使细胞壁逐步降解，最终释放出包裹着质膜的原生质体（图 1-5）。原生质体在高渗环境中可以保持完整状态，并易于接受外源 DNA 进入胞内。

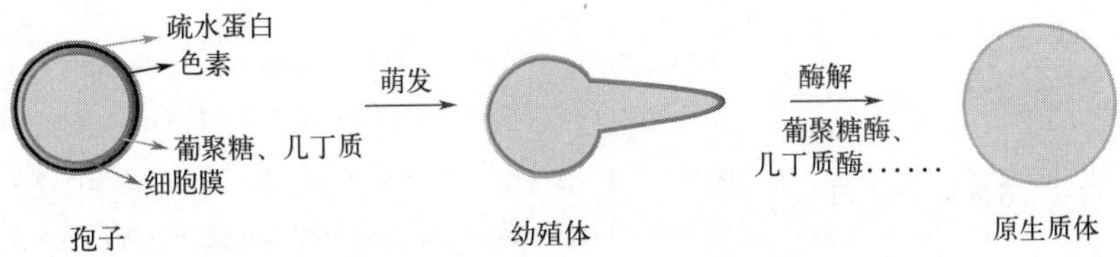

图 1-5　丝状真菌孢子萌发后被酶解成为原生质体

实验中，需严格控制酶解时间、酶浓度、pH、温度及渗透压条件，以确保获得数量充足、活力良好的原生质体。获得的原生质体可用于后续的 PEG（聚乙二醇）介导转化、CRISPR-Cas9 系统导入、同源重组片段整合等操作，是丝状真菌分子生物学研究的基础工具。

三、实验材料和仪器设备

1. 微生物与酶制剂

具体内容见表 1-9。

表 1-9　微生物与酶制剂

类别	名称	规格/说明
菌株	黑曲霉（*Aspergillus niger*）ATCC 1015	用于孢子培养和原生质体制备
酶制剂（方案一）	裂解酶（Sigma L1412）	降解细胞壁 β-1,3-葡聚糖
	溶壁酶（TaKaRa T107）	降解细胞壁几丁质
酶制剂（方案二）	VinoTaste®Pro（诺维信）	复合酶，替代方案

2. 培养基与缓冲液

具体内容见表 1-10 所示。

表 1-10 培养基与缓冲液

名称	配方或用途说明
PDA 固体培养基	获得无性孢子
PD 液体培养基	孢子萌发与营养生长
SMM 固体培养基	含 1%精细琼脂、1%葡萄糖、1.2mol/L D-山梨醇（提供高渗透压）、1×微量元素溶液、1×无机盐溶液
20×无机盐溶液（1L）	120g $NaNO_3$、10.4g KCl、10.4g $MgSO_4 \cdot 7H_2O$ 等，灭菌后4℃保存
1000×微量元素溶液（100mL）	2.20g $ZnSO_4 \cdot 7H_2O$、1.10g H_3BO_3、0.50g $MnCl_2 \cdot 4H_2O$、0.16g $FeSO_4 \cdot 7H_2O$、0.16g $CoCl_2 \cdot 5H_2O$、0.16g $CuSO_4 \cdot 5H_2O$、0.11g $(NH_4)_6Mo_7O_{24} \cdot 4H_2O$、5.00g Na_4EDTA，按所示顺序加入 80mL 双蒸水中，确保每种成分充分溶解。然后加水定容至 100mL。如有需要，可加入 KOH 以帮助微量元素完全溶解。溶液储存于 4℃
OM 缓冲液（1L）	295.2g $MgSO_4 \cdot 7H_2O$，10mMol/L NaPB，pH 5.8（NaH_2PO_4 调配），酶解用，过滤除菌
NaPB 缓冲液（10mL）	0.91g Na_2HPO_4 + 1.63g NaH_2PO_4，定容至 10mL
捕获缓冲液（1L）	109.3g D-山梨糖醇+ 12.11g Tris，pH 7.0（HCl 调配），原生质体捕获用
STC 缓冲液（1L）	218.6g D-山梨糖醇+ 1.21g Tris + 1.11g $CaCl_2$，pH 7.5（HCl 调配），原生质体保存与转化用
PEG 缓冲液（200mL）	120g PEG 4000 + 1.11g $CaCl_2$ + 1.21g Tris，pH 7.5（HCl 调配），促进 DNA 进入原生质体

3. 实验耗材

具体内容见表 1-11。

表 1-11 实验耗材

名称	说明
离心管	15mL / 50mL 无菌离心管
培养皿	90mm 无菌培养皿

续表

名称	说明
滤膜/滤头	无菌，滤除杂菌微生物，0.22μm
擦镜纸	协助过滤菌丝或表面杂质

4. 实验仪器设备

具体内容见表 1-12。

表 1-12　实验仪器设备

类别	名称	用途说明
安全操作	生物安全柜	孢子接种、液体转移等无菌操作
培养设备	恒温培养摇床	黑曲霉孢子萌发与菌体生长
分离设备	高速冷冻离心机	菌体沉降与原生质体收集
观察设备	正置显微镜	观察原生质体形成与状态
温控设备	冰浴、烘箱、微波炉	反应条件控制与灭菌处理

四、实验步骤

1. 第一步：孢子制备与萌发培养

在 PDA 平板上 28℃培养黑曲霉 2～3d，加入 4mL ddH_2O 至培养皿刮取孢子，制备孢子悬液，计数。将约 2×10^8 个孢子接种至 100mL PD 液体培养基中，28℃、280r/min 振荡培养 15～20h，待显微镜观察大部分孢子刚萌发且形成微菌丝团（图 1-6）。

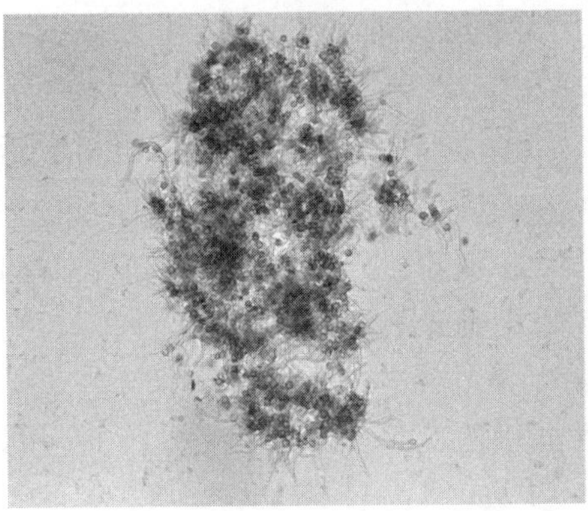

图 1-6　黑曲霉萌发生长菌丝图

2. 第二步：菌丝回收与酶解液准备

采用离心（8000r/min，15min，4℃）或无菌滤布过滤方法收集菌丝，用 ddH_2O 洗涤 2 次，离心后去除水分，取湿重约 1g 菌丝体重悬于 10mL 酶解液中（含 30mg 裂解酶＋ 20mg 溶壁酶，溶于 OM 缓冲液）。

3. 第三步：酶解生成原生质体

将菌丝悬液置于 28℃、80r/min 条件下（装置于 100mL 锥形瓶中）酶解 4～6h。每 30min 在显微镜下观察原生质体形成情况。当原生质体大量出现、胞壁变薄且细胞体积变大时，立即将酶解混合液置于冰上终止酶解（图 1-7）。

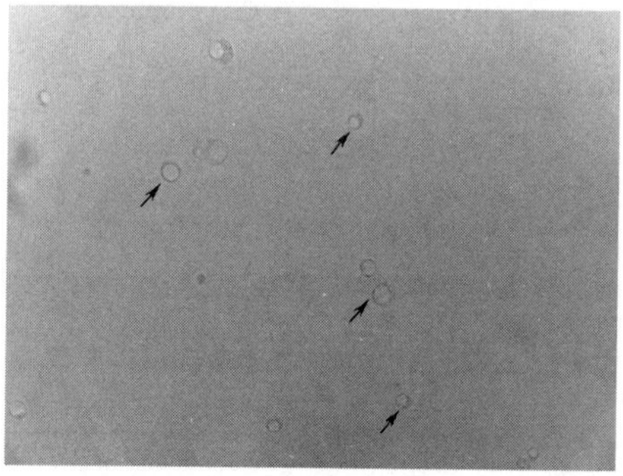

图 1-7　原生质体图

4. 第四步：梯度离心分离原生质体

将酶解混合液转入 50mL 离心管，轻轻覆盖 10mL Trapping Buffer，5000r/min、15min、4℃离心，用移液器回收两液面之间的原生质体层。如有必要，可进行第二次捕获缓冲液纯化并合并。

5. 第五步：洗涤与浓缩原生质体

将回收原生质体加等体积 STC 缓冲液稀释，6000r/min、4℃离心 6min。弃去上清后用 STC 重悬，并调整原生质体浓度至 10^2 个/mL，冰上保存备用。

6. 第六步：原生质体复苏

取 200μL 原生质体（约 20 个）在冰上孵育 50min，然后加入 1.25mL PEG 缓冲液，室温放置 20min，将混合物接种于融化后的 9mL SMM 固体培养基（冷凉至不烫手即可，约 42℃）充分混合，然后覆盖到提前准备好的含有下层 SMM 固体培养基的平皿上，28℃倒置培养 3d。

7. 第七步：复苏存活率计算

观察每个平皿上生长出的单菌落数量，除以 20 即可得到复苏存活率；取多组数据，获得存活率平均值。

五、实验结果

1. 黑曲霉孢子萌发图

2. 原生质体图

3. 原生质体复苏菌落图

具体内容见图 1-8。

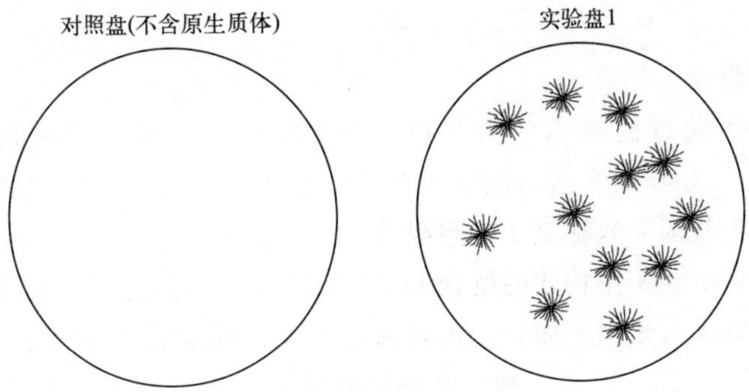

图 1-8　转化盘示意图

4. 原生质体存活率

$$存活率=\frac{盘1克隆数+盘2克隆数+盘3克隆数}{20\times 3}\times 100\%$$

六、思考题

1. 在丝状真菌原生质体制备过程中，如何判断原生质体是否成功形成？
2. 设计如何从改变实验参数的角度优化原生质体的形成？
3. 哪些因素会影响原生质体复苏？

实验 3　丝状真菌原生质体转化

一、实验目的

本实验旨在掌握丝状真菌原生质体介导的转化技术，并通过诊断 PCR 验证转化子的基因型，从而实现对目标基因的定点敲除。学生将学习如何将实验 1 中巢式 PCR 获得的三段融合 DNA 片段导入实验 2 中制备的黑曲霉原生质体，理解 PEG（聚乙二醇）在促进 DNA 进入细胞过程中的作用。同时，学生将掌握筛选抗性转化子、设计诊断引物并利用 PCR 判别是否成功获得期望的基因重组体的方法。通过本实验，学生应掌握以下技能与知识：①熟悉丝状真菌 PEG 介导原生质体转化的关键步骤；②掌握同源重组敲除基因的原理；③掌握诊断性 PCR 引物设计与转化子鉴定流程。

二、实验原理

丝状真菌黑曲霉的细胞壁由多种多糖和糖蛋白组成，天然状态下对外源 DNA 有较强的屏障作用。通过酶解处理获得的原生质体（已去除细胞壁，但维持细胞活性）为基因导入提供了理想载体。本实验即在实验 2 获得的黑曲霉原生质体基础上，将实验 1 中构建的融合 DNA 片段（上游同源臂＋筛选标记基因＋下游同源臂）导入真菌细胞内，通过同源重组实现目标基因 *brlA* 的定点敲除。

本实验采用 PEG（聚乙二醇）介导转化法，机理在于聚乙二醇能在含 Ca^{2+} 的 STC 缓冲液环境中改变原生质体细胞膜的物理化学状态。具体来说，PEG 会去除膜表面的水化层并促使膜脂分子聚集，使细胞膜暂时失去稳定性而产生可逆性的缺陷或孔隙；同时，Ca^{2+} 中和了 DNA 与膜表面的负电荷，降低静电排斥力，从而增加 DNA 与膜的结合概率；而 STC 中的渗透保护剂山梨醇则维持了无细胞壁原生质体的完整性，防止其在操作过程中破裂。在这些因素的协同作用下，外源 DNA 能够在短时间窗口内跨越膜障碍被导入细胞，从而显著提高转化效率（图 1-9）。随后，在原生质体基因组中发生同源重组（Homologous Recombination），上、下游同源臂序列与黑曲霉基因组中 *brlA* 基因两侧的同源区域进行交换，使目标位点的 *brlA* 编码序列被筛选标记（如 *hph* 或 *pyrG*）替代，从而实现该基因的敲除（图 1-10）。

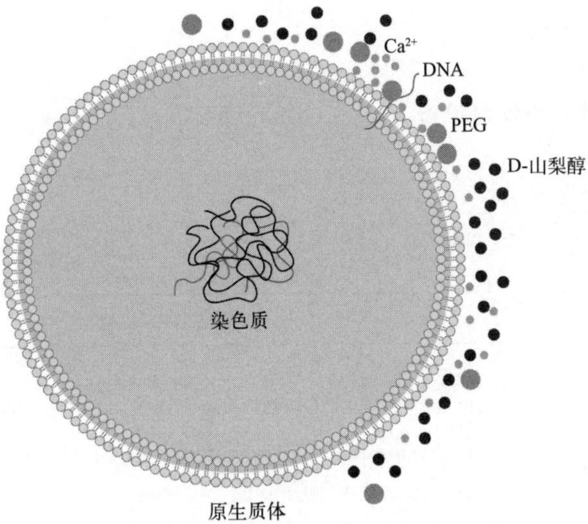

图 1-9　丝状真菌原生质体转化图

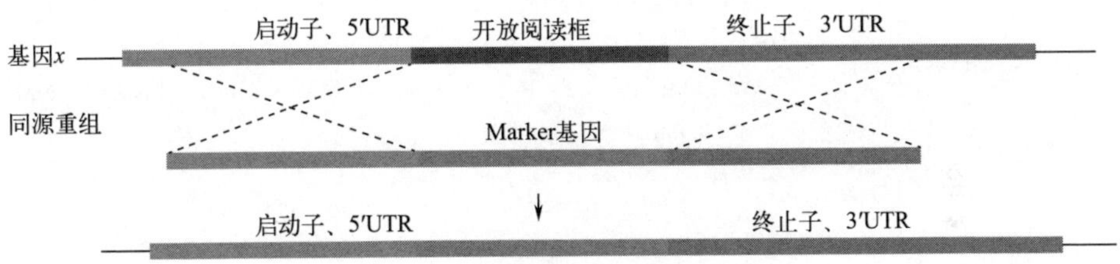

图 1-10　同源重组敲除基因示意图

成功转化的细胞可在含有相应筛选压力（如抗生素或营养缺失）的选择培养基上生长为转化子。为了验证转化是否准确发生在 *brlA* 基因位点，采用诊断性 PCR（Diagnostic PCR）进行鉴定。通过设计外侧引物（位于同源重组交换点外侧并命名为 Fig-F/R）对（图 1-11），只有发生预期重组的转化子才能扩增出特定大小的条带。该方法既可区分真阳性转化子与假阳性转化子，又可与野生型进行区分比较。

图 1-11　诊断引物设计示意图

综上所述，本实验通过PEG介导的原生质体转化、同源重组策略敲除*brlA*基因，并通过诊断性PCR验证转化子的正确性，为丝状真菌功能基因研究提供了强有力的技术支持。

三、实验材料和仪器设备

1. 实验材料

具体内容见表1-13。

表1-13　实验材料

类别	名称或内容说明
微生物、DNA材料	黑曲霉原生质体（由实验2获得，现用现制备）、黑曲霉野生型菌株ATCC 1015、*brlA*基因敲除用融合DNA片段（由实验1获得）
试剂与培养基	PEG转化缓冲液（见实验2配方）、PDA固体培养基、PD液体培养基、SMM筛选培养基（见实验2配方）
真菌抗生素药物	潮霉素B（Hygromycin B，母液200mg/mL），筛选转化子使用
DNA小量提取试剂（自配）	裂解缓冲液：400mmol/L Tris-HCl（pH 8.0），60mmol/L EDTA（pH 8.0），150mmol/L NaCl，1%十二烷基硫酸钠（Sodium Dodecyl Sulfate，SDS） KAc buffer（pH 4.8，100mL）：5mol/L醋酸钾60mL，冰醋酸11.5mL，蒸馏水28.5mL 异丙醇 70%乙醇
PCR相关试剂	Taq DNA聚合酶琼脂糖凝胶电泳相关试剂
PCR引物	验证同源重组的特异性引物（P1和P6，来自实验1），也可另行设计
实验耗材常规耗材	15mL圆底无菌离心管、灭菌牙签、微量吸头、90mm培养皿、PCR小管等

2. 实验仪器设备

具体内容见表1-14。

表1-14　实验仪器设备

名称	用途说明
恒温培养箱	菌株培养
PCR扩增仪	扩增基因片段
紫外成像系统	观察PCR电泳条带

续表

名称	用途说明
微量移液器	精准加样
微量离心机	DNA沉淀、样本分离
电泳仪、电源与胶槽	DNA片段分离分析
NanoDrop分光光度计	测定DNA浓度

四、实验步骤

1. 第一步：准备原生质体

按照实验2步骤获得黑曲霉原生质体，调整浓度至10^8/mL，冰上保存备用。

2. 第二步：原生质体转化

将含有5μg来自实验1的DNA溶液（总体积不超过10μL）与100μL原生质体混匀，在冰上孵育50min；加入1.25mL PEG溶液，室温放置20min。

3. 第三步：原生质体与DNA冰浴、室温孵育

使用微波炉加热SMM固体培养基至熔化，冷凉至不烫手（约42℃），取10mL熔化培养基向其中添加潮霉素（终浓度为150μg/mL）混匀倒入平皿，待凝固后使用；将转入DNA的原生质体混合物与熔化后的9mL SMM培养基以及潮霉素（终浓度为150μg/mL）充分混合（在15mL圆底离心管中操作），覆盖到提前准备好的含有下层SMM固体培养基的平皿上，28℃倒置培养5d。

4. 第四步：转化子转接

*brlA*基因负责黑曲霉无性繁殖，敲除后不能产生无性孢子并出现白化表型，因此使用无菌牙签将转化盘上白化转化子菌落转接到含有150μg/mL潮霉素B的PDA平板上，28℃培养5d。

5. 第五步：诊断PCR验证转化子基因型

将转化子接种于400μL PD培养基中，放入Eppendorf管内，在37℃下培养过夜；用灭菌牙签挑取菌丝，放入500μL裂解缓冲液中，转移到Eppendorf管内；将管子放入60℃水浴中，孵育20min；加入150μL KAc缓冲液并简短振荡混匀；以12000×g离心3min，将上清液转移至另一新Eppendorf管中；加入等体积的异丙醇，混匀；以12000×g离心2min，弃去上清液；用300μL 70%乙醇洗涤DNA沉淀；以12000×g离心1min，弃去上清液；将DNA沉淀经空气干燥后，溶解于50μL水中，备用；设计诊断引物，PCR扩增基因组验证菌株是否正确。

6. 第六步：转化子保种

将菌丝体收集后悬浮于 20% 灭菌甘油中，分装入 1.5mL 冻存管中，置于 −80℃长期保存。

五、实验结果

1. 转化平板

具体内容见图 1-12。

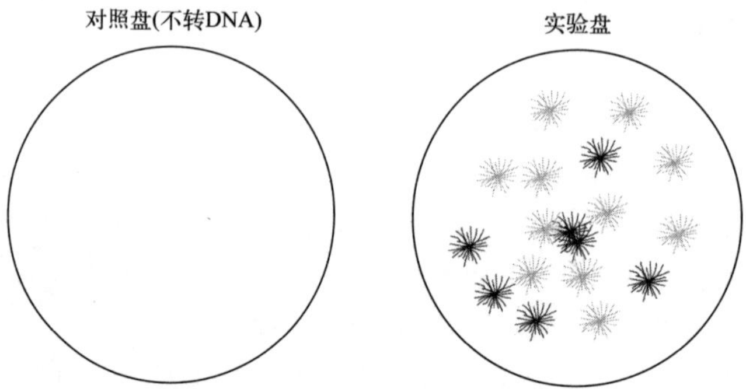

图 1-12　转化平板示意图

2. 转化子基因组诊断 PCR 图

具体内容见图 1-13。

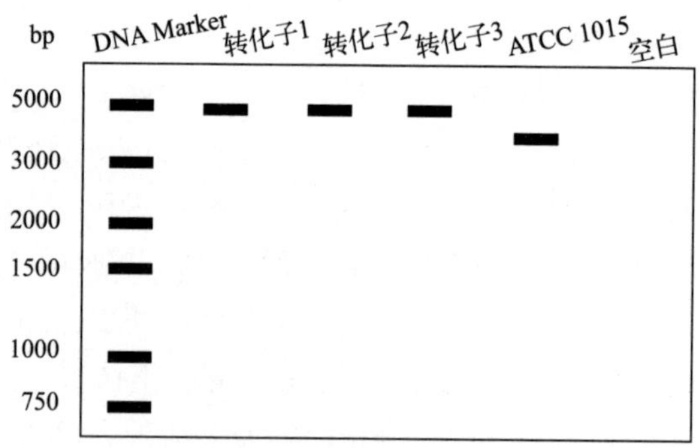

图 1-13　PCR 样品电泳示意图

六、思考题

1. 简述原生质体介导转化在丝状真菌基因工程中的优势及局限性。

2. 为什么在进行黑曲霉基因敲除时，需要使用长片段的上、下游同源臂？多长的同源臂可以提高敲除效率？

3. 在转化后挑取单克隆进行 PCR 验证时，为何要设计上下游的“外引物”而非用于融合 PCR 的内引物？

4. 若某些转化子在潮霉素平板上生长良好，但 PCR 未能检出期望片段，可能的原因有哪些？如何进一步验证是否为假阳性？

第二章

CRISPR-Cas9 体系介导体外 DNA 切割

实验 4 Cas9 蛋白的表达与纯化

一、实验目的

本实验旨在掌握利用原核表达系统进行 Cas9 蛋白表达与纯化的基本方法。Cas9 蛋白是 CRISPR-Cas9 基因编辑系统的核心酶，能够在单链向导 RNA（sgRNA）指导下识别并切割目标 DNA 序列，广泛应用于真核和原核生物的基因组编辑。本实验所用 Cas9 蛋白来源于化脓性链球菌（*Streptococcus pyogenes*），其编码基因按照大肠杆菌（*Escherichia coli*）密码子偏好性优化后借助 Gibson（吉布森）组装技术（DNA 定向无缝克隆技术）被克隆至大肠杆菌表达载体（如 pET28a-Cas9），并带有 His 标签以便于纯化。通过向含有表达质粒的大肠杆菌 BL21（DE3）菌株中添加 IPTG（异丙基-β-D-硫代半乳糖苷）诱导表达 Cas9 蛋白，再利用镍离子（Ni^{2+}）亲和层析（Ni-NTA）对其进行纯化，可获得高纯度、高活性的 Cas9 蛋白。通过本实验，学生将掌握以下内容：①理解 Cas9 蛋白的结构与功能；②掌握 Gibson 组装技术构建目的质粒；③掌握重组蛋白在大肠杆菌中的诱导表达流程；④掌握 His 标签蛋白的亲和纯化原理与操作技巧。

二、实验原理

CRISPR-Cas9 系统是一种 RNA 引导的靶向 DNA 编辑工具，其中 Cas9 蛋白是核心功能酶，能够在单导 RNA（sgRNA）的引导下识别并切割特定 DNA 序列，被广泛用于体外 DNA 操作及多种生物的基因组编辑研究。为了获得高纯度、具有活性的 Cas9 蛋白，通常选择在大肠杆菌等原核表达系统中进行大规模表达，并结合 His 标签亲和层析进行纯化。

在表达载体的构建过程中，本实验采用 Gibson 组装技术（图 2-1）。该方法利用 DNA 片段之间的同源重叠区（15～20bp），在 DNA 重组酶的作用下实现无缝拼接，从而将目的基因精准插入至载体中。与传统限制性内切酶/连接酶方法相比，Gibson 组装无需依赖特定限制性位点，操作简便、效率高。

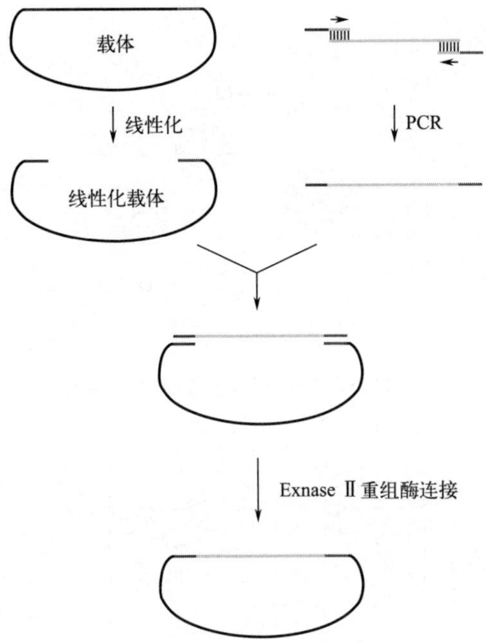

图 2-1　Gibson 组装技术示意图

所构建的重组质粒通常基于 pET 系列载体，带有 T7 启动子和 C 端 6×His 标签（His-tag），既可实现强启动子驱动的 Cas9 和 His 标签融合蛋白的高效表达，又便于后续纯化。重组质粒转入大肠杆菌 BL21（DE3）感受态细胞后，可借助其基因组中整合的 T7 RNA 聚合酶基因进行 Cas9 的转录。T7 RNA 聚合酶的表达受 lac 操纵子（operator）调控，加入异丙基-β-D-硫代半乳糖苷（IPTG）后，lac 抑制蛋白失活，从而释放表达并启动 Cas9 基因的高水平转录。

在蛋白诱导表达过程中，IPTG 浓度、培养温度和诱导时间等条件对 Cas9 的产量和可溶性均有重要影响。表达完成后，通过 His 标签与 Ni^{2+}-NTA［镍离子（Ni^{2+}）与次氮基三乙酸（NTA）螯合形成］亲和填料（图 2-2）的特异性结合可实现 Cas9 蛋白的选择性纯化。6×His 标签蛋白纯化依赖于金属离子与组氨酸残基的特异性亲和作用。His 标签蛋白通过组氨酸侧链的氮原子与固定在层析填料上的镍离子配位结合，从而被选择性吸附，而无标签蛋白和大多数杂质不会稳定结合。在此过程中，咪唑（Imidazole）分子可与金属离子形成竞争性配位：在低浓度下，咪唑可部分占据金属结合位点，阻止杂蛋白的非特异性结合；在高浓度下，咪唑则取代 His 标签与金属离子的相互作用，从而使目标蛋白从柱上解离并被洗脱（图 2-3）。

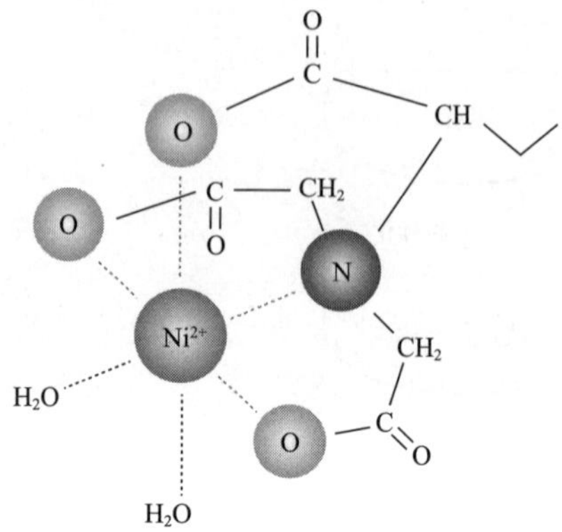

图 2-2　Ni^{2+}-NTA 结构示意图

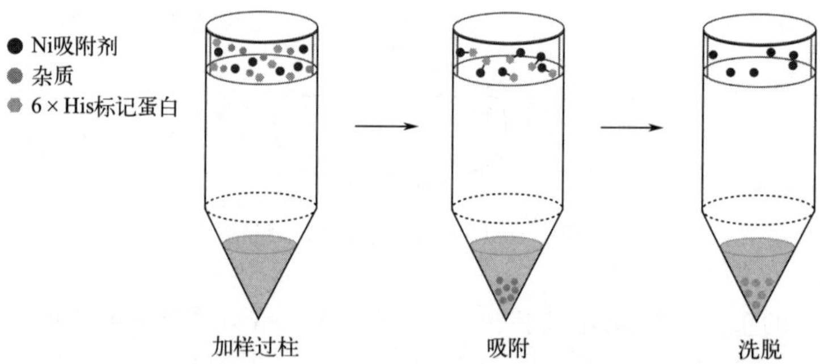

图 2-3　His 标签蛋白纯化原理示意图

三、实验材料和仪器设备

1. 实验材料

具体内容见表 2-1。

表 2-1　实验材料

材料名称	规格/描述	用途
商业合成 Cas9 ORF 片段	按大肠杆菌密码子偏好性优化，含同源臂序列（Gibson 组装技术需求）	表达 Cas9
载体 pET-28a（+）	带 T7 启动子和 His 标签	蛋白表达载体
反向 PCR 引物	含与 Cas9 ORF 同源序列的引物对	pET-28a 线性化

续表

材料名称	规格/描述	用途
高保真 DNA 聚合酶（如 Phanta Max 等）	诺唯赞等公司	PCR 扩增
Gibson 组装	Vazyme C112，同源重组型	构建重组质粒
质粒提取试剂盒	小量	抽提质粒
感受态细胞［*E. coli* DH5α 和 BL21（DE3）］	商购或自制	克隆和表达
抗生素（卡那霉素）	母液 50mg/mL	克隆筛选
50%甘油	菌种保存管分装	菌株保存
LB 培养基	液体与琼脂平板	细菌培养与筛选
IPTG	100mmol/L 储液	蛋白表达诱导剂
PMSF 或混合蛋白酶抑制剂	蛋白样品保护剂	防止蛋白降解
Ni-NTA 亲和层析树脂	商用，含 Ni^{2+}	His-tag 蛋白纯化
洗脱缓冲液	含咪唑的缓冲液（如 20mmol/L、250mmol/L 规格等）	洗脱纯化蛋白
SDS 上样缓冲液	4% SDS，20% 甘油，10% β-巯基乙醇，0.004% 溴酚蓝，0.125mol/L Tris-HCl，pH 6.8	蛋白上样，电泳指示
蛋白预制胶	10 孔，分离胶浓度为 10%	检测蛋白表达
蛋白 Marker	最大分子质量不小于 180kDa	蛋白分子质量对照
SDS 电泳缓冲液	1L 配方：Tris 3.03g、甘氨酸 14.4g、SDS 1g	电泳缓冲液
考马斯亮蓝染液	0.1L 考马斯亮蓝 R-250 染液配方：考马斯亮蓝 R-250 0.25g、甲醇 50mL、醋酸 10mL	蛋白染色
脱色液	配方：50%甲醇、10%醋酸、40%去离子水	考染脱色液
蛋白洗涤、洗脱缓冲液	His-tag 融合蛋白纯化	去除非特异性结合蛋白、洗脱目的蛋白
电泳缓冲液、BCA 蛋白测定试剂盒等	蛋白检测	分析表达与纯化效果

2. 实验仪器设备

具体内容见表 2-2。

表 2-2 实验仪器设备

名称	功能
PCR 扩增仪	执行反向 PCR，扩增线性化载体
恒温摇床培养箱	细菌生长与蛋白表达诱导
紫外分光光度计	测量 OD_{600}、DNA 浓度等
胶回收纯化仪/试剂盒	回收 PCR 产物
超声波细胞破碎仪	细胞裂解，释放可溶性蛋白
冷冻高速离心机	蛋白提取过程中的分离
层析柱或重力柱系统	执行 Ni-NTA 亲和层析
SDS-PAGE 电泳系统与凝胶成像仪	分析蛋白表达与纯化结果
脱色摇床	蛋白染色和脱色
微量分光光度计	核酸与蛋白浓度检测
－20℃与－80℃冰箱	储存菌株、质粒、蛋白样品
微量离心机、移液器等常规器材	实验基本操作支持

四、实验步骤

1. 第一步：pET-28a-Cas9 表达质粒的构建

（1）Cas9 ORF 合成　根据大肠杆菌 DE3 的密码子偏好性（Codon Usage database 网站查阅）优化 Cas9 的开放阅读框（ORF），商业合成优化的 Cas9，同时两端加上与线性化 pET-28a 载体两端同源臂序列（15～20bp）。

（2）反向 PCR 线性化载体 pET-28a 线性化　依据 pET-28a 载体序列，在 Cas9 预整合的位置（lac operator 和 6×His 标签之间）设计反向 PCR 引物；利用高保真 DNA 聚合酶对 pET-28a 质粒进行反向 PCR 扩增，电泳分离线性化载体和原始质粒模板（建议长时间低电压电泳以彻底分离，冰浴电泳）；利用胶回收试剂盒回收线性化载体，测浓度后存－20℃备用。

（3）构建重组质粒　采用诺唯赞一步克隆试剂盒（Vazyme C112），将 Cas9 ORF 与线性化的 pET-28a 载体通过体外同源重组反应进行连接，从而构建 pET-28a-Cas9 重组质粒（图 2-4，具体序列请从化工教育平台下载）。反应体系按说明书配制，其中线性化载体与 Cas9 片段的摩尔比设定为 1∶2，并在 37℃条件下反应 30min。根据 ClonExpress Ⅱ重组体系的计算方法，推荐载体和插入片段的用量分别为 0.03pmol 和 0.06pmol，其对应的 DNA 质量可按公式粗略计算得到：载体使用量＝0.02×载体碱基对数（ng），插入片段使用量＝0.04×插入片段碱基对数（ng），以确保重组反应的高效进行。具体加样如表 2-3 所示。

表 2-3　ClonExpress Ⅱ 重组反应体系

组分	重组反应
pET-28a	$X\mu L$
Cas9	$Y\mu L$
5×CE Ⅱ 缓冲液	$4\mu L$
重组酶 Ⅱ	$2\mu L$
ddH_2O	补足至 $20\mu L$

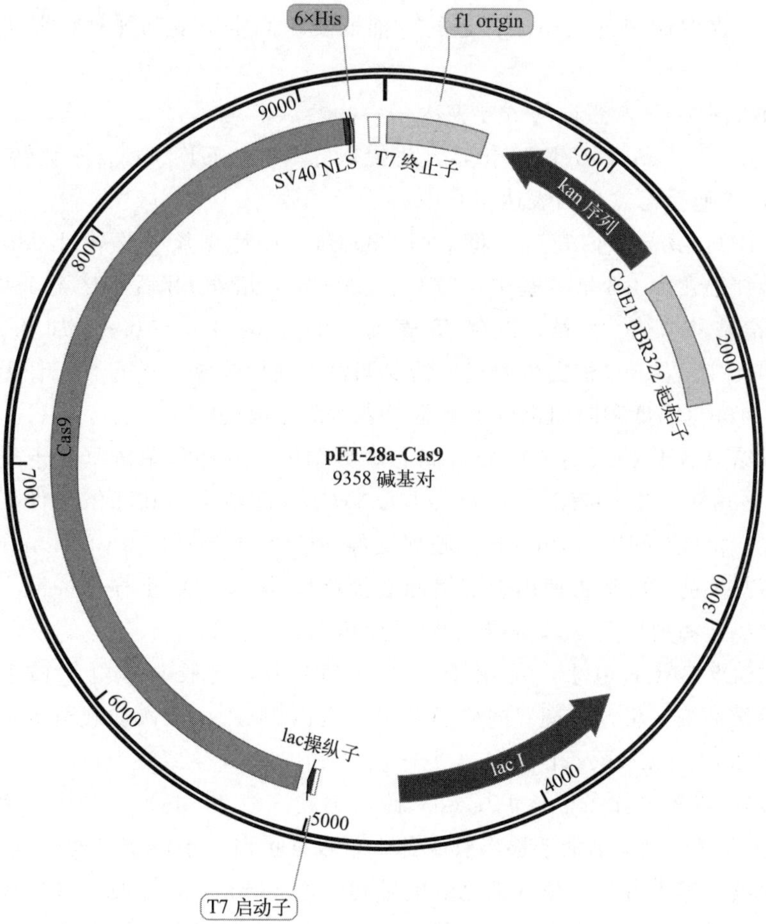

图 2-4　pET-28a-Cas9 质粒图谱

（4）*Escherichia coli* DH5α 化转　将 50μL DH5α 感受态细胞（克隆型大肠杆菌）从－80℃取出置于冰上解冻约 5min；加入 5μL 重组质粒（pET-28a-Cas9）混匀，避免剧烈振荡；在冰上孵育 30min，使 DNA 附着于细胞膜；将混合物于 42℃水浴中热激 45s，随后立即转回冰上冷却 2min 以促进细胞恢复；加入 450μL 预热的无抗 LB 液体培养基，37℃振荡培养 45～60min 以表达抗性基因；取 50～100μL 复苏液涂布于含 50μg/mL 卡那霉素的 LB 抗性平板上，37℃倒置培养过夜；次日挑取单菌落悬浮于无菌水中，利用诊断 PCR（上游引物位于 pET-28a-Cas9 质粒 T7 启动子上游 100bp 以内，下游引物位于 6×His 标签下游 100bp 以内）验证；PCR 验证正确的克隆送至商业公司测序（引物与验证引物一致）。

（5）获取 pET-28a-Cas9 质粒　将正确的单克隆接种至 5mL 含 50μg/mL 卡那霉素的 LB 液体培养基，37℃、220r/min 振荡培养约 12h；培养结束后，取 500μL 菌液与 500μL 无菌 50％甘油混合均匀，置－80℃长期保存；剩下部分按照质粒小量提取试剂盒操作流程进行，抽取质粒测定浓度和纯度，置于－20℃备用。

2. 第二步：Cas9 蛋白的诱导表达

（1）*Escherichia coli* DE3 化转　将提取的 50ng pET-28a-Cas9 化转至 50μL *E. coli* DE3 感受态（蛋白表达型）中。

（2）IPTG 诱导蛋白表达　将 pET-28a-Cas9 阳性克隆以及 pET-28a 空载对照克隆接种于含抗 LB 培养基中，37℃、220r/min 培养 8h 后转接至 100mL LB 液体培养基中扩大培养，继续培养至 OD_{600} 达 0.6～0.8；加入终浓度 0.5mmol/L IPTG（可根据蛋白表达情况调整）进行诱导，调至 16℃低温条件下诱导表达 16h（温度和时间也可根据蛋白表达情况调整）。

诱导结束后于 4℃、8000r/min 离心收集菌体，取部分菌体重悬于裂解缓冲液中（50mmol/L Tris-HCl，300mmol/L NaCl，pH 8.0），在冰浴条件下超声破碎（10s 工作/10s 间歇×10min）；破碎液经 12000r/min、4℃离心 20min，分别收集上清与沉淀（沉淀再使用裂解缓冲液稀释），加入 SDS 上样缓冲液（根据缓冲液浓度决定添加样品量），95℃金属浴加热 5min 备用。

（3）SDS-PAGE 电泳　选用 10％商业预制胶，将胶装入电泳槽中，加入 SDS 电泳缓冲液；将预处理好的样品及预染蛋白 Marker 依次加载至泳道中，每孔加量约 20μL（Marker 孔 20μL，上样包括 5μL Marker 原液＋15μL 1×SDS 上样缓冲液）；设置电泳条件：恒压 80V 跑浓缩胶（约 20min），120V 分离胶，电泳约 2.5h（溴酚蓝指示剂迁移出胶底部，可根据蛋白大小设定时间）；电泳结束后取出凝胶，置于考马斯亮蓝染色液中晃动染色 30min，再于脱色液中脱色直至背景清晰（置于脱色摇床，至少更换 3 次脱色液），观察目标蛋白表达情况。调整诱导参数，尽量使得 Cas9 存在于上清中。

3. 第三步：Cas9 蛋白的纯化

（1）菌体收集与裂解　根据优化后的诱导参数，获得 500mL 培养混色液；菌体重悬于适量的裂解缓冲液（50mmol/L Tris-HCl，300mmol/L NaCl，20mmol/L 咪唑，1mmol/L PMSF/1×蛋白酶抑制剂混合液，pH 8.0），大约以 1g 菌体/10mL 裂解液的比例；使用超声波破碎（10s 工作/10s 间歇×10min，冰浴条件）进行细胞裂解，裂解后将样品通过 12000r/min 离心，4℃，30min 分离，收集上清液。

（2）Ni^{2+} 亲和层析　将裂解后的上清液通过 Ni-NTA 亲和柱进行纯化。先使用 10 柱体积的裂解缓冲液平衡亲和柱，再将上清液加载到柱上，允许 Cas9 和 His 的融合蛋白与亲和柱上的 Ni^{2+} 离子结合。通过逐步洗脱，使用以下缓冲液清洗和洗脱目标蛋白：

① 洗涤缓冲液：50mmol/L Tris-HCl，pH 8.0，300mmol/L NaCl，20mmol/L 咪唑，用于去除非特异性结合蛋白。

② 洗脱缓冲液：50mmol/L Tris-HCl，pH 8.0，300mmol/L NaCl，250mmol/L 咪唑，用于洗脱 Cas9 蛋白。

（3）蛋白质浓度检测与透析　收集洗脱液后，通过 BCA 测定蛋白质浓度。若蛋白溶液中含有高浓度盐分或甘油，则使用透析方法，将蛋白溶液转入适当的透析缓冲液（如 50mmol/L Tris-HCl，pH 8.0，150mmol/L NaCl），并在 4℃下透析 4～6h，去除多余的盐分。

（4）SDS-PAGE 验证纯度　纯化后样品再次使用 SDS-PAGE 进行分析，检测目标蛋白的纯度和分子质量。SDS-PAGE 结果显示，约 160kDa 的 Cas9 蛋白带清晰且背景杂带较少，表明蛋白纯化效果良好。

（5）储存　纯化后的 Cas9 蛋白可分装至小份并储存在－80℃，或者加入 10%甘油后储存于－20℃，以保持蛋白的稳定性。

五、实验结果

1. pET-28a-Cas9 质粒构建诊断 PCR

2. Cas9 蛋白表达检测 SDS-PAGE 胶图

3. Cas9 蛋白纯化后 SDS-PAGE 胶图

六、思考题

1. 表达 Cas9 蛋白时为何采用 BL21（DE3）菌株？其与普通 DH5α 有何区别？

2. Ni-NTA 亲和纯化的原理是什么？为什么 Cas9 蛋白可以与 Ni 柱结合？

3. 咪唑在洗涤缓冲液和洗脱缓冲液中的作用有何不同？

4. 实验中诱导温度设为 16℃的原因是什么？如果提高诱导温度，可能会出现什么问题？

5. 裂解缓冲液中加入 PMSF 或混合蛋白酶抑制剂的目的是？

实验 5 sgRNA 的设计

一、实验目的

本实验旨在设计用于体外 CRISPR-Cas9 切割体系的单链向导 RNA（sgRNA），并确保其具备适用于 T7 RNA 聚合酶转录的模板结构。通过分析目标 DNA 序列，筛选合适的 17～20nt 靶向序列（紧邻 5′-NGG-3′ PAM），并在其 5′端添加 T7 启动子序列，以便后续进行体外转录合成 sgRNA。本实验为后续 Cas9-sgRNA 复合物的体外切割实验设计功能性 RNA 分子。

二、实验原理

CRISPR-Cas9 系统是一种 RNA 引导的核酸内切酶系统，由 Cas9 蛋白和单导 RNA（sgRNA）组成，广泛用于体外和体内的靶向 DNA 切割。sgRNA 包括一个靶向序列（17～20nt，称为 crRNA 部分）和一个结构稳定的 tracrRNA 区域，可与 Cas9 蛋白形成复合物，引导其识别并切割特定 DNA 序列，在目标 PAM（Protospacer Adjacent Motif）位点上游约 3 个碱基处造成 DNA 双链断裂（图 2-5）。

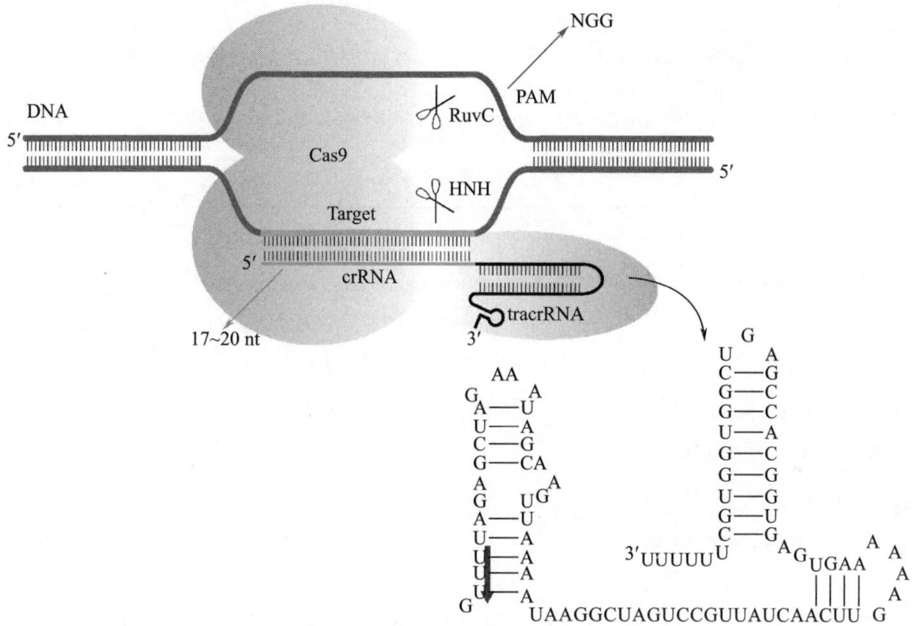

图 2-5　CRISPR-Cas9 工作原理示意图

为实现 sgRNA 的体外合成，本实验采用 T7 RNA 聚合酶系统进行体外转录。T7 RNA 聚合酶是一种高度特异性的单亚基酶，仅识别其保守启动子序列（5′-TAATACGACTCACTATAG-3′），其中最后一个“G”通常为+1 转录起始位点，当最后三个碱基都是“G”时，效率最高。因此，为保证高效转录，sgRNA 设计时需确保在 T7 启动子下游起始转录碱基为“G”；若目标 crRNA 序列不以 G 开头，可在 5′端人工添加一个 G，以优化转录效率，且可保持切割活性。

通过合理设计 sgRNA，不仅能确保其与目标序列高度互补、具备良好的切割效率，同时还能降低脱靶风险。本实验结合在线设计工具（如 Benchling 或 CHOPCHOP），选取具有 PAM 序列（5′-NGG-3′）下游的 20nt 作为切割靶点，以实现精准、高效的体外基因片段切割实验。

三、实验材料和仪器设备

本实验无需材料和仪器设备，需借助专业的 sgRNA 设计网站，具体如表 2-4 所示。

表 2-4 sgRNA 设计软件

网站名称	适用场景	功能特点	是否支持 T7 模板
Benchling	通用、体外/体内	操作直观；支持脱靶分析；序列管理平台一体化	支持
CHOPCHOP	体外/体内编辑	输入简单；支持多种 Cas 酶；脱靶预测详尽	支持
CRISPOR	特别适合精准设计	支持多种评分；提供 PCR 引物设计	支持

四、实验步骤

本实验以绿色荧光蛋白（GFP）序列为靶点（GFP 序列请从化工教育平台下载），利用在线工具 CHOPCHOP 进行 sgRNA 设计，结合 T7 RNA 聚合酶转录的需求和高特异性原则，获得适用于体外 CRISPR-Cas9 切割实验的高效 sgRNA 序列，步骤如下所示。

1. 准备目标序列

打开 NCBI 或 GenBank，获取 GFP 的编码区（coding sequence，CDS）。

2. CHOPCHOP 网站设计 sgRNA

打开浏览器，访问：CHOPCHOP 设置设计参数，在“Enter target gene or sequence”栏中粘贴 GFP 序列；选择“CRISPR/Cas9”模式；在“Target organism”中选择“Other”→手动设置序列背景（如 GFP 不属于某种物种）；在“Application”中选择“Knockout”；在“Guide length”中选 20nt 或 18nt（推荐 18nt 用于降低脱靶）；为匹配 T7 启动子，在“5′ requirements for sgRNA”选择“GG”；点击“Submit”。可根据预打靶序列和突变要求，在设置细节选项中进行参数调整。

3. 筛选候选 sgRNA

页面将展示多个候选 sgRNA 及其对应 PAM 位点和脱靶评分，结合下列 sgRNA 设计规则进行筛选（图 2-6）：

（1）crRNA 的 GC 含量控制在 40%～60%，有利于 Cas9-sgRNA 复合物稳定性。

（2）邻近 PAM 的 6 个碱基 GC 含量不低于 40%，提高结合效率与切割活性。

（3）可优先选择18nt长度的crRNA，研究表明在突变效率不降低的前提下，18nt序列可降低脱靶效应。

（4）为适配T7体外转录系统，crRNA序列5′端应包含1～3个G，若靶点不以G开头可人工添加。

（5）靠近PAM的12个碱基应在目标物种中具有独特性。

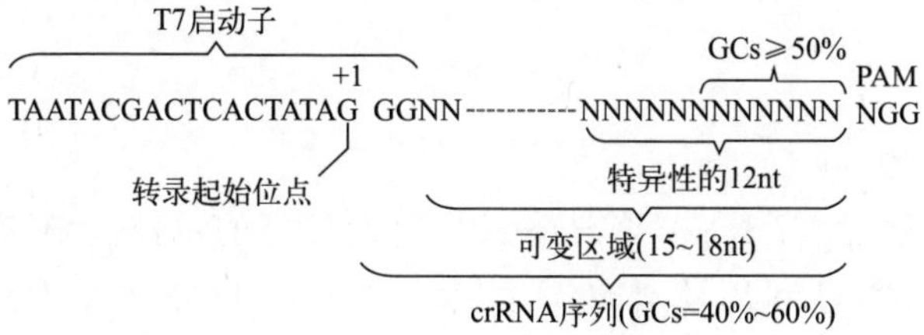

图2-6 sgRNA设计规则示意图

4. 选择最优sgRNA并导出序列

在候选列表中选择一个满足上述设计标准的sgRNA，并下载或记录其序列。

5. CHOPCHOP通常同时提供

可用于PCR扩增模板的引物序列；脱靶分析报告。

五、实验结果

罗列三条设计的sgRNA打靶序列，并说明设计依据。

六、思考题

1. sgRNA在CRISPR-Cas9系统中起什么作用？其结构由哪两部分组成？

2. 为什么sgRNA设计时必须考虑与PAM序列（如5′-NGG-3′）的相对位置？PAM序列是否属于sgRNA的一部分？

3. 简述sgRNA设计中GC含量控制在40%～60%的原因。为什么靠近PAM的6个碱基GC含量特别重要？

4. 相比20nt的sgRNA，使用18nt的sgRNA有哪些潜在优势？

5. 如何借助 CHOPCHOP 或其他平台预测 sgRNA 的脱靶风险？在实际应用中应如何验证脱靶效应？

6. 如果利用 CRISPR-Cas9 介导体内基因的敲除，如何利用 CHOPCHOP 设计 sgRNA 降低脱靶率？

实验 6 sgRNA 的体外合成

一、实验目的

本实验旨在通过 T7 RNA 聚合酶系统对设计好的单链向导 RNA（sgRNA）进行体外合成。通过利用体外转录技术，合成高质量的 sgRNA，为后续的 CRISPR-Cas9 基因编辑实验提供所需的 RNA 分子。

二、实验原理

体外合成单链向导 RNA（sgRNA）是 CRISPR-Cas9 基因编辑技术中的关键步骤之一，能够为 Cas9 蛋白提供指导信息，促进其特异性切割目标 DNA。通过体外转录技术，T7 RNA 聚合酶可用于合成高效、纯度较高的 sgRNA。

实验原理详述如下：

1. T7 RNA 聚合酶转录系统

T7 RNA 聚合酶是一种广泛应用于体外转录的酶，能够在含有 T7 启动子的 DNA 模板上高效合成 RNA。T7 RNA 聚合酶具有极高的特异性和高效性，仅识别 T7 启动子序列（5′-TAATACGACTCACTATAG-3′）进行转录。因此，为了确保 sgRNA 的体外合成成功，设计的 DNA 模板需要包含 T7 启动子序列，且其下游要紧跟着目标 sgRNA 序列。

2. sgRNA 的结构与功能

sgRNA 由 crRNA（CRISPR-RNA）和 tracrRNA（trans-activating crRNA）两部分组成。crRNA 是与目标 DNA 序列互补的区域（通常为 17～20 个碱基），结合引导 Cas9 蛋白识别并结合目标 DNA 序列。crRNA 结合 Cas9 蛋白还需要另外一段 RNA 参与，即 tracrRNA（crRNA 反式激活 RNA）。tracrRNA 包括两个作用，一是通过 RNA 酶Ⅲ启动 crRNA 的成熟，其二是通过互补结合 crRNA 激活 Cas9 的核酸内切酶活性。sgRNA 将 tracrRNA 和 crRNA 部分结合为一个单链结构。为了实现高效的体外合成，设计的 sgRNA 应保证 crRNA 序列具有良好的 GC 含量（40%～60%），且避免过长或过短的序列，以保证转录效率和 Cas9 切割的精准性。

3. T7 启动子和 sgRNA 设计

在 sgRNA 的设计中，T7 启动子序列位于 sgRNA 的 DNA 模板前端。为了优化体外转录效率，T7 启动子的下游通常要求第一个转录的碱基为“G”，且存在连续三个“G”，效率更高。若目标 crRNA 序列只有一个“G”开头，可在 5′ 端人工添加两个“G”。这样可以保证 sgRNA 转录过程中的高效性。

4. RNA 合成的反应体系

在体外转录反应中，通常使用 T7 RNA 聚合酶、NTPs（四种核糖核苷酸）、缓冲液和模板 DNA。T7 RNA 聚合酶通过识别 T7 启动子，启动转录过程，合成出目标 sgRNA。转录后的 RNA 产物需要经过纯化，以去除多余的核苷酸和未反应的模板 DNA。

三、实验材料和仪器设备

1. 实验材料

具体内容见表 2-5。

表 2-5　实验材料

材料名称	规格或来源	用途说明
pX330 质粒或其他含有 tracrRNA 的 DNA 序列的质粒	购买自 Addgene 等	提供 sgRNA 骨架模板
T7-sgRNA-F / sgRNA-R 引物	合成引物，10μmol/L，不超过 59bp	构建带 T7 启动子的 sgRNA 模板
高保真 DNA 聚合酶	Takara、诺唯赞等品牌	高保真 PCR 扩增
T7 MEGAscript Kit	Life Technologies、Thermo、其他品牌亦可	sgRNA 体外转录
NTP 混合物（ATP，CTP，GTP，UTP）	Kit 自带或单独购买	T7 体外转录反应
酚-氯仿-异丙醇混合液（25∶24∶1）	自配或 Sigma 购入	RNA 提取
氯仿	分析纯	RNA 提取
异丙醇/ 75%乙醇	分析纯	RNA 沉淀和洗涤
DEPC 处理水（无核酸酶）	商业无核酸酶水	RNA 溶解与反应体系
乙酸铵终止液（Ammonium Acetate Stop Solution）	T7 MEGAscript Kit 自带	终止体外转录反应

续表

材料名称	规格或来源	用途说明
胶回收试剂盒	自选	回收 PCR 条带
琼脂糖凝胶	2%凝胶浓度	PCR 产物分离

2. 实验仪器设备

具体内容见表 2-6。

表 2-6 实验仪器设备

名称	用途说明
PCR 仪（梯度热循环仪）	用于 sgRNA 模板 PCR 扩增
电泳仪及凝胶成像系统	检测 PCR 扩增产物
微量离心机	各类离心步骤（DNA 纯化、RNA 提取）
超净工作台/ RNA 专用操作台	防止 RNA 降解
微量分光光度计（如 NanoDrop）	RNA 浓度检测
恒温水浴或恒温箱（37℃）	sgRNA 体外转录反应
冰箱（－20℃ /－80℃）	RNA 样品短期/长期保存

四、实验步骤

本实验采用 PCR 构建含 T7 启动子的双链 DNA 模板，并使用 T7 RNA 聚合酶进行体外转录，最终获得可用于体外 Cas9 切割反应的高质量 sgRNA。步骤如下。

1. 第一步：设计引物

（1）sgRNA 的模板 DNA 扩增引物　包括上游引物 T7-sgRNA-F 和下游引物 sgRNA-R（图 2-7）。其中，crRNA 对应的 DNA 序列来自“实验 5”所设计而来。

T7-sgRNA-F 由以下三部分依次组成：

① T7 启动子序列（5′-TAATACGACTCACTATAG-3′）。

② crRNA 序列（17～20nt，推荐以 G 开头，必要时前加 2 个 G 以提升 T7 转录效率）。

③ tracrRNA 5′端 20nt 序列。

sgRNA-R：为 tracrRNA 3′端的反向互补 DNA 序列。

（2）GFP 扩增引物　通过 PCR 扩增丰量 GFP 片段作为被切割的底物 DNA，

T7-sgRNA-F

5′ TAATACGACTCACTATAGGGNNNNNNNNNNNNNNNNNNNNGTTTTAGAGCTAGAAATAGCAAGTTAAAATAAGGCTA

GTCCGTTATCAACTTGAAAAAGTGGCACCGAGTCGGTGCTTTTTT
CCGTGGCTCAGCCACGAAAAAA
sgRNA-R

图 2-7　上游引物 T7-sgRNA-F 和下游引物 sgRNA-R 的示意图

设计上下游引物 GFP-F/R。获取 GFP 片段的随后操作按照常规 PCR 程序进行，最后产物采用胶回收策略纯化，使用 DEPC 处理水/无核酸酶 ddH_2O 洗脱后测浓度备用。

2. 第二步：PCR 扩增双链 sgRNA DNA 模板

（1）按照表 2-7 配制 PCR 体系

表 2-7　PCR 反应体系

组分	加入量/（μL/ng）	备注
2×高保真酶 Mix	25μL	最终 1×
10μmol/L T7-sgRNA-F 引物	2μL	0.4μmol/L
10μmol/L sgRNA-R 引物	2μL	0.4μmol/L
模板质粒 pX330	2μL（200ng）	含 sgRNA 骨架序列
ddH_2O	补足至 50μL	—

（2）按照表 2-8 设置并运行 PCR 程序

表 2-8　PCR 运行程序

步骤	温度/℃	时间	循环次数
预变性	95	3min	1
变性	95	15s	—
退火	48～51	20s	30
延伸	72	10s	—
终延伸	72	2min	1
保温	4	∞	1

（3）DNA 回收　PCR 产物经 2% 琼脂糖凝胶电泳，目的片段大小约为

128bp；使用凝胶回收试剂盒回收对应 DNA 条带，使用 DEPC 处理水洗脱 DNA，测定浓度后备用。

3. 第三步：体外转录合成 sgRNA（使用 T7 MEGAscript Kit）

（1）按照表 2-9 转录反应体系加样

表 2-9 sgRNA 体外转录合成体系

组分	体积
无核酸酶 ddH_2O	补足至 20μL
ATP / CTP / GTP / UTP	各 2μL
10×反应缓冲液	2μL
纯化的 sgRNA 模板 DNA	～200ng
RNA 聚合酶	2μL

注：反应缓冲液必须完全溶化后再添加。

（2）转录反应与 RNA 回收　37℃孵育 16h，完成体外转录；加入 115μL DEPC 处理水和 15μL 乙酸铵终止液（可选项），混匀；依次加入 150μL 酚-氯仿-异丙醇（25∶24∶1，pH＞7.8）和 300μL 氯仿，混匀；4℃，12000×g 离心 5min，取上层水相至新管中；加入等体积异丙醇，－20℃冷却 15min，最高速离心 15min 沉淀 RNA；去除上清后用 75％乙醇洗涤，重悬 RNA 沉淀，最高速离心 5min；吸干乙醇后，用适量 DEPC 处理水溶解 RNA；测定 RNA 浓度，－70℃保存备用。

五、实验结果

1. sgRNA 的 DNA 扩增情况（电泳图与回收后浓度）

2. sgRNA 的浓度

六、思考题

1. 为何在扩增 sgRNA 的 DNA 模板时，退火温度设计在 48～51℃？
2. 如何排除扩增出的 sgRNA 的 DNA 是目标条带，而不是引物二聚体？
3. 如何确保 sgRNA 在本实验体系下的高效合成？

实验 7　CRISPR-Cas9 体外切割 DNA

一、实验目的

通过本实验，掌握 CRISPR-Cas9 系统在体外切割 DNA 的基本操作方法。通过将已纯化的 Cas9 蛋白与特异性 sgRNA 在反应体系中复合形成 Cas9-sgRNA 复合物，识别并切割目标 DNA 片段（如 GFP 基因片段），从而验证 CRISPR-Cas9 系统的靶向识别与切割功能。该实验为后续在体内进行基因编辑实验提供基础，帮助学生理解其机制并积累操作经验。

二、实验原理

CRISPR-Cas9 系统是一种由细菌和古菌中获得的 RNA 指导的核酸内切酶系统，具有高度特异性和可编程性。在体外切割实验中，Cas9 蛋白在 sgRNA 的引导下识别与其互补的靶标 DNA 序列，并在靶序列附近的 PAM（Protospacer Adjacent Motif，通常为 5′-NGG-3′）位点处引发双链断裂。

本实验中，首先将已纯化的 Cas9 蛋白与体外转录获得的 sgRNA 预先孵育，形成 Cas9-sgRNA 复合物。随后将该复合物加入含有目标序列的 DNA 模板（如 GFP 片段）中，体系中的 Cas9-sgRNA 复合物可特异性识别并切割目标 DNA。通过凝胶电泳观察切割产物的条带变化，可判断切割是否成功及其效果。

三、实验材料和仪器设备

1. 实验材料

具体内容见表 2-10。

表 2-10　实验材料

名称	规格/描述	供应商/备注
Cas9 蛋白	～1μmol/L	自备
sgRNA	体外转录产物，已纯化	自制

续表

名称	规格/描述	供应商/备注
GFP DNA 片段	目标切割模板 DNA（100～200ng）	PCR 扩增获得或合成
NEBuffer^{TM} r3.1	10×缓冲液（含 Mg^{2+}）	NEB 公司，也可自配
无核酸酶 ddH_2O	无 RNA 酶污染的去离子水	实验室自备
核酸酶抑制剂（可选）	抑制 RNase 活性，提升 sgRNA 稳定性	建议添加，尤其在长时间反应中
DNA Marker	适用于 100bp～3kb 范围	商用，例如 Takara DL2000
6×DNA 上样缓冲液	含染料，便于上样	商用
琼脂糖	制备 1%琼脂糖凝胶	普通分析纯级别
GelRed 或其他 DNA 染料	荧光染料，用于 DNA 条带检测	可替代为 EB 等
无核酸酶移液器吸头	带滤芯，避免 RNA 降解	必须使用
无核酸酶离心管（1.5mL）	实验中用于 sgRNA 或反应混合物操作	建议预灭菌或购置专用 RNA 耗材
75%乙醇	用于实验台面和器具的除 RNA 酶预处理	建议在反应前彻底清洁工作区

2. 实验仪器设备

具体内容见表 2-11。

表 2-11　实验仪器

名称	功能说明
微量离心机	样品混匀与离心
PCR 仪或金属浴	用于温控孵育反应体系
电泳槽与电泳电源	进行琼脂糖凝胶电泳
凝胶成像系统	观察切割结果
微量移液器及吸头	配制反应体系
RNA 操作专用工作台（建议）	如有条件，操作 RNA 时在单独区域使用

四、实验步骤

实验过程中涉及 RNA 操作，请务必使用无核酸酶耗材和试剂，在洁净环境中操作，必要时使用 RNA 专用操作台或预处理实验台面。

1. 第一步：Cas9/sgRNA 复合物预组装

（1）先将 sgRNA、Cas9 蛋白和 GFP 分别计算稀释至约 300nmol/L、1μmol/L 和 30nmol/L。取无核酸酶 1.5mL 离心管，在冰上配制表 2-12 混合

体系。

表 2-12 Cas9 和 sgRNA 体外结合体系

组分	体积/μL	说明
10×NEBuffer™ r3.1	3.0	Cas9 推荐缓冲体系，含 Mg^{2+}
sgRNA（～300nmol/L）	3.0	摩尔量略高于 Cas9（1.2∶1），30nmol/L（终浓度）
Cas9 蛋白（～1μmol/L）	1.0	30nmol/L（终浓度）
无核酸酶 ddH_2O	20.0μL	—

注：10×NEBuffer™ r3.1 配方为：1mol/L NaCl、0.5mol/L Tris-HCl、0.1mol/L $MgCl_2$ 和 1mg/mL 重组白蛋白，pH 7.9。

（2）缓慢混匀（不要剧烈吹打），放置在 25℃ 金属浴或 PCR 仪中孵育 10min，使 Cas9 与 sgRNA 结合形成复合物。

2. 第二步：加入目标 DNA 进行切割反应

（1）向反应体系中加入 GFP 片段，见表 2-13。

表 2-13 体外 CRISPR-Cas9 反应体系

组分	体积/μL	说明
预组装好的 Cas9/sgRNA	27.0	全量
GFP 片段（300nmol/L）	3.0	3nmol/L（终浓度）

（2）混匀后在 37℃孵育 30～60min，完成体外切割反应。

3. 第三步：终止反应（可选）

为了终止 Cas9 活性，可加入以下任选终止方式之一：

（1）加入 1μL 0.5mol/L EDTA（终浓度 10mmol/L），室温放置 5min。

（2）或将样品在 65℃加热 10min 使 Cas9 蛋白失活。

（3）如后续直接上样电泳，也可省略终止步骤。

五、实验结果

GFP 被切割前后的琼脂糖凝胶电泳图。

六、思考题

1. NEBuffer™ r3.1 中含有 Mg^{2+}，它的作用是什么？

2. 在配制反应体系时，为何要求 sgRNA 的摩尔量略高于 Cas9？

3. 本实验中，如何设计对照来证明是 Cas9-sgRNA 复合体发挥作用切割 GFP 片段？

第三章

CRISPR-Cas9 体系介导体内 DNA 编辑

实验 8　CRISPR-Cas9 介导丝状真菌的基因敲除

一、实验目的

本实验旨在通过 PEG 介导原生质体转化的方法，将 sgRNA 和敲除供体 DNA 导入 Cas9 表达亲本菌株，实现靶基因的体内定点敲除（Knock-out）。通过本实验，使学生理解 CRISPR-Cas9 系统在真菌中的作用机制，掌握丝状真菌基因编辑的关键技术流程，为后续的基因功能研究与合成生物学应用奠定基础。

二、实验原理

CRISPR-Cas9 系统是一种由细菌适应性免疫机制演化而来的可编程基因编辑工具。在体内基因敲除实验中，Cas9 蛋白在细胞内表达或导入后，在 sgRNA 的引导下特异性识别靶基因 DNA 上的 17～20bp 目标序列，并在其 3′端邻近 PAM 序列（通常为 5′-NGG-3′）前引发 DNA 双链断裂（DSB）。

DNA 双链断裂可通过非同源末端连接（Non-homologous End Joining，NHEJ）或同源重组修复（Homologous Recombination，HR）途径恢复。利用该机制，可以通过两种方式实现靶基因的敲除（图 3-1）：①NHEJ：Cas9 介导的断裂经 NHEJ 修复，常常导致碱基缺失或插入，引发框移突变，导致靶基因失活；②HR：若同时导入带有同源臂的供体 DNA（筛选标记基因）修复模板，则可通过 HR 机制在目标位点精确插入筛选标记，替代或中断目标基因，实现准确敲除。

本实验采用 PEG 介导黑曲霉原生质体转化策略，将体外转录的 sgRNA 及修复模板（含有短同源臂的筛选标记基因）共同转入表达 Cas9 背景菌株，完成目的基因敲除。通过抗性筛选和分子生物学手段验证敲除效率。该实验不仅展示了 CRISPR-Cas9 系统在丝状真菌中的应用潜力，也是合成生物学与基因功能研究的重要技术基础。

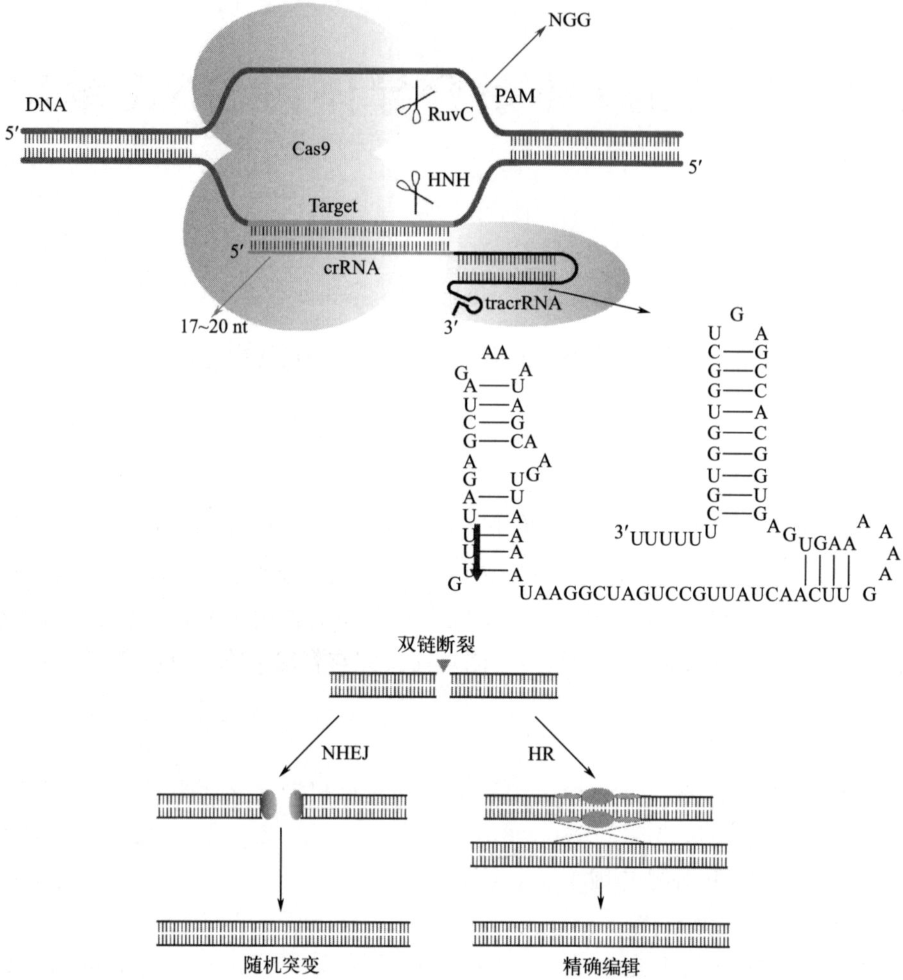

图 3-1　NHEJ 和 HR 途径修复 CRISPR-Cas9 体系引起的 DSB

三、实验材料和仪器设备

1. 微生物材料

(1) 菌株　黑曲霉（*Aspergillus niger*）ATCC 1015 的尿嘧啶营养缺陷型菌株Δ*pyrG*。

(2) 质粒　pAN7-1（含有潮霉素抗性基因 *hph*）、pFC330（含有 *pyrG* Marker，且可表达 Cas9）、pX330（含 tracrRNA 的 DNA 模板）。

2. 核酸与修复模板

具体内容见表 3-1。

表 3-1 sgRNA 和修复模板以及相关试剂

名称	说明
sgRNA	靶向 *brlA* 基因，体外转录获得
hph	含短（～32bp）同源臂的 *hph* 片段，由 PCR 构建获得
PCR 引物	用于 sgRNA 模板扩增、*hph* 片段构建及阳性验证
RNA 合成与纯化试剂盒	合成 sgRNA（体外转录）并进行纯化
无核酸酶 ddH_2O	用于 sgRNA 合成
DNA Marker	电泳分析用

3. 培养基与试剂

具体内容见表 3-2。

表 3-2 培养基与试剂

名称	说明
PDA 固体培养基	菌株常规培养，可添加尿嘧啶
PD 液体培养基	可添加尿嘧啶，菌株生长
SMM 固体培养基	筛选 $pyrG^+$ 菌株（转入 pFC330），可添加潮霉素 B
转化破壁酶以及各转化缓冲液等（见实验 2）	制取原生质体、转化

4. 实验仪器设备

具体内容见表 3-3。

表 3-3 实验仪器设备

名称	功能说明
生物安全柜	无菌操作
恒温培养箱	丝状真菌培养
微量离心机	原生质体洗涤、DNA 沉降等
PCR 仪	sgRNA 模板扩增、验证 PCR
电泳槽与成像系统	检测 PCR 产物与片段完整性
金属浴或水浴锅	反应预孵育
倒置显微镜	观察原生质体状态
无核酸酶移液器与吸头	RNA 操作过程中使用，避免降解

四、实验步骤

以敲除黑曲霉 *brlA* 基因为例，部分实验操作与前文实验技术操作一致，故作简化叙述。

1. 第一步：将 pFC330 转入 Δ*pyrG* 菌株，构建 Cas9 表达菌株（命名为 1015^{pFC330}）

（1）制备黑曲霉 Δ*pyrG* 菌株的原生质体（参考前述实验 2 方法）。

（2）采用 PEG 介导转化策略，将含有 *pyrG* 标记和 *cas9* 的 pFC330 质粒加入原生质体。

（3）将在 SMM 平板上培养转化子，28℃培养 3～5d。

（4）选取生长良好的菌落进行初步纯化培养。

（5）设计引物，PCR 验证确认 pFC330 是否存在于转化子中，并作为后续基因敲除的 Cas9 表达宿主菌株。

2. 第二步：设计并体外合成靶向 *brlA* 的 sgRNA

（1）在线工具（如 Benchling、CHOPCHOP）中输入 *brlA* 基因序列，筛选 5′端为 17～20bp、3′端为 NGG（PAM）的高评分靶点。

（2）选定 1～2 个靶点，设计扩增 sgRNA 模板的引物（参照实验 5），PCR 扩增获取 sgRNA 模板。

（3）使用体外转录试剂盒进行 sgRNA 体外合成。

（4）经 RNA 纯化后，测定浓度备用。

3. 第三步：获取 *brlA* 敲除修复模板（*hph*）

（1）设计扩增 *hph* 上下游引物，引物的 5′和 3′段分别添加 30～35nt 同源臂（*brlA* 打靶区两侧，只需保证一个同源臂紧邻打靶区即可）。

（2）以 pAN7-1 为模板 PCR 扩增 *hph* 修复模板（Repair Template）（以图 3-2 为例）。

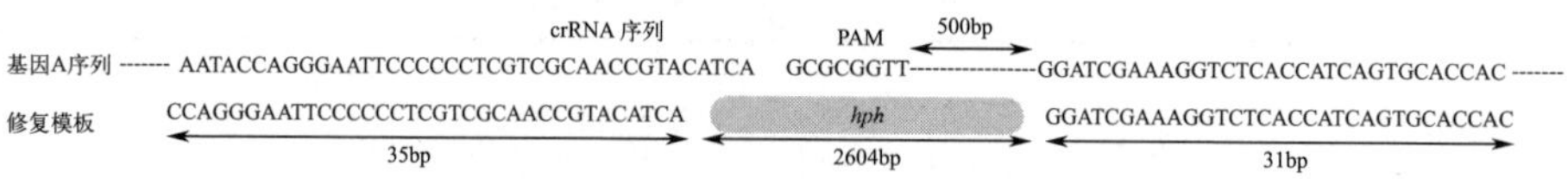

图 3-2 *hph* 修复模板举例示意图

（3）对 PCR 产物进行电泳验证并纯化产物（无核酸酶 ddH_2O 洗脱），测定浓度备用。

4. 第四步：将 sgRNA 与修复模板 *hph* 共转入 Cas9 表达菌株（1015^{pFC330}）

（1）制备 1015^{pFC330} 菌株的新鲜原生质体。

（2）将 2μg sgRNA 与 4μg *hph* 片段转入原生质体（此步与实验 3 操作一致，

需要使用无核酸酶耗材）。

（3）28℃培养3～5d，获得抗潮霉素的单菌落转化子。

5. 第五步：转化子验证

（1）选取具有白化表型菌落，扩大培养提取基因组DNA（细节参照实验3）。

（2）在*brlA*基因座上设计特异性验证引物（上下游引物分别位于左右同源臂的上游和下游），对试验和对照组菌株基因组进行PCR扩增，通过PCR产物片段大小判断是否发生敲除替换。

五、实验结果

1. 列出针对*brlA*设计的crRNA序列

2. *brlA* sgRNA的DNA模板电泳图、*hph*片段电泳图

3. *brlA* sgRNA的质量（$A_{260/280}$）和浓度

4. 曲霉转化盘图以及菌株分子鉴定结果

六、思考题

1. 本实验为何以 Cas9 表达菌株作为亲本菌株，有何优势？

2. 思考如何设置对照组，证明是 sgRNA 的加入使得 *hph* 高效整合入 *brlA* 基因座上。

实验 9 CRISPR-Cas9 介导丝状真菌的基因敲入

一、实验目的

本实验旨在掌握 CRISPR-Cas9 系统在丝状真菌中的基因敲入（Knock-in）策略，学习利用该系统实现绿色荧光蛋白（GFP）对目标基因的原位标记。通过设计特异性 sgRNA 和同源修复模板，可将 GFP 序列准确插入目的基因的 5′端（起始密码子后）或 3′端（终止密码子前），实现融合蛋白的表达。该策略不仅保留了目标基因的功能，同时为蛋白质在细胞内的表达定位、动态变化和功能研究提供了有效工具。

实验过程中，学生将练习 sgRNA 序列设计、GFP 修复模板的设计思路以及熟练基于 PEG 介导的原生质体转化方法，掌握从分子设计到转化筛选的全过程。最终，通过荧光筛选和 PCR 验证获得表达 GFP 融合蛋白的转化子，为后续在细胞生物学和真菌遗传研究中开展更深入的功能分析奠定基础。

二、实验原理

CRISPR-Cas9 是一种来源于细菌的获得性免疫系统，现已广泛应用于真核生物的基因编辑中。该系统主要由 Cas9 核酸内切酶和特异性引导 RNA（sgRNA）组成，sgRNA 通过碱基互补识别靶序列并引导 Cas9 在特定位点产生双链 DNA 断裂（DSB）。细胞随后通过内源性的修复机制完成 DNA 修复，包括非同源末端连接（NHEJ）和同源重组（HR）等方式。

本实验采用 HR 策略，利用长度为 35～50bp 的微同源臂，将绿色荧光蛋白（GFP）精确地插入到目标基因的特定位点（如起始密码子后或者终止密码子前）。模板设计时，GFP 片段两侧分别连接与基因组中靶点序列相匹配的短同源序列，使得在 Cas9 诱导断裂后，GFP 能够高效整合至打靶处，形成无标记的（Marker-free）融合表达结构。也可将 GFP 与 Marker 的融合片段一起转入指定区域，具体设计思路见图 3-3。

整个编辑过程依赖于 Cas9 表达质粒、体外合成的 sgRNA 和带微同源臂的 GFP 修复模板共同作用完成。通过荧光显微镜观察、PCR 与测序验证，确认

GFP是否准确融合至目标位点。

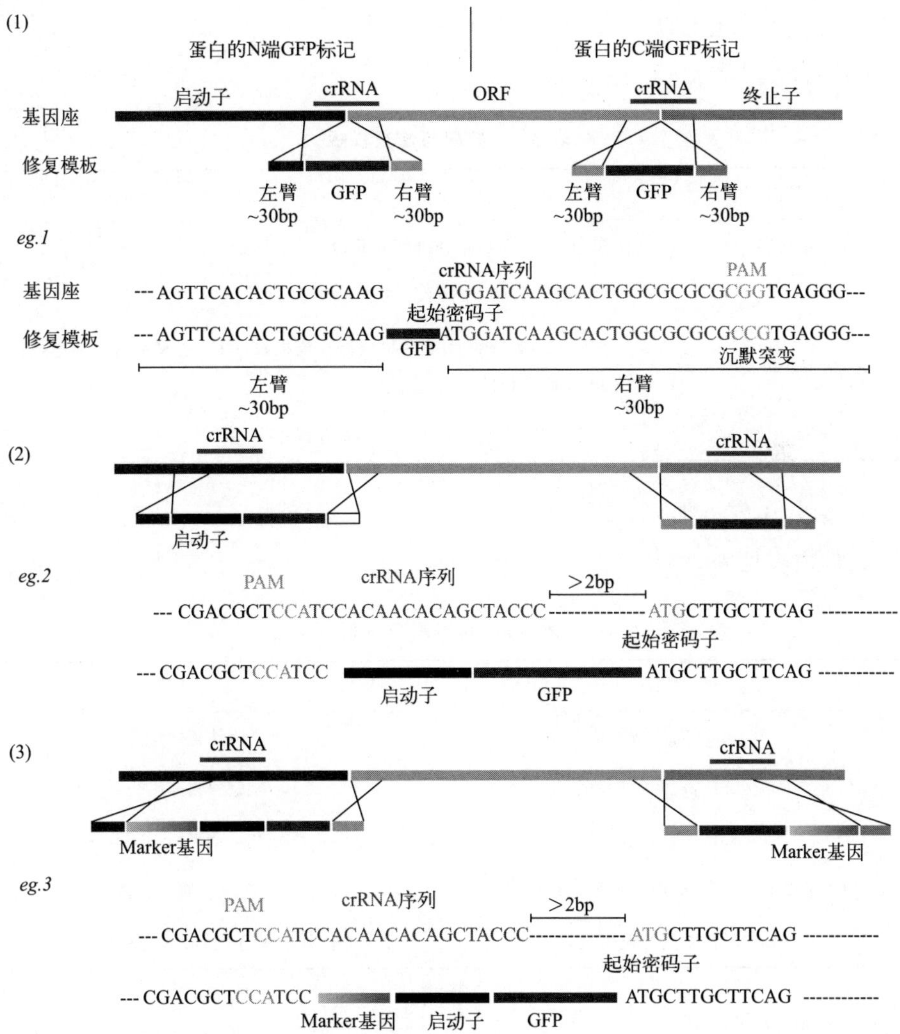

图 3-3　CRISPR-Cas9 介导 GFP 标记目的基因设计示意图

三、实验材料和仪器设备

本实验以黑曲霉钙调磷酸催化亚基 CnaA（基因号 ASPNIDRAFT2_1104960；主要定位于菌丝隔和顶端）的氮端 GFP 标记为例，进行 CRISPR-Cas9 介导丝状真菌的基因敲入策略演示。

1. 微生物材料

（1）菌株　1015^{pFC330}。

（2）质粒　pAN7-1（含有潮霉素抗性基因 *hph*）、p-zero-Pgpd-GFP（含有 GFP 片段）。

2. 核酸与修复模板

具体内容见表 3-4。

表 3-4　核酸与修复模板

名称	说明
sgRNA	靶向 *cnaA* 基因，体外转录获得
hph	不含同源臂的 *hph* 片段（筛选基因），由 PCR 构建获得
GFP	含有短同源臂的 GFP 片段（修复模板），GFP 的碳端有柔性连接序列由 PCR 扩增获得
PCR 引物	用于 sgRNA 模板、GFP、*hph* 片段扩增

3. 培养基与试剂

具体内容见表 3-5。

表 3-5　培养基与试剂

名称	说明
PDA 固体培养基	菌株常规培养
PD 液体培养基	菌株营养生长
SMM 固体培养基	转化培养基，倒平板时添加潮霉素 B
转化破壁酶以及各转化缓冲液等（见实验 3）	制取原生质体、转化
RNA 合成与纯化试剂盒	体外转录合成 sgRNA 并进行纯化

4. 实验仪器设备

具体内容见表 3-6。

表 3-6　实验仪器设备

名称	功能说明
生物安全柜	无菌操作
恒温培养箱	真菌培养
微量离心机	原生质体洗涤、DNA 沉降等
PCR 仪	sgRNA 模板扩增、验证 PCR

续表

名称	功能说明
电泳槽与成像系统	检测 PCR 产物
金属浴或水浴锅	孵育
正置荧光显微镜	观察原生质体状态以及 GFP-CnaA 融合蛋白定位
无核酸酶移液器与吸头	RNA 操作过程中使用，避免降解

四、实验步骤

以 GFP 标记黑曲霉 CnaA（N 端）为例，部分实验操作简化叙述。

1. 第一步：设计并体外合成靶向 *cnaA* 的 sgRNA

（1）在 *cnaA* 的起始密码子所在区域手动设计 crRNA，要求起始密码子 ATG 包含于 crRNA 中，且尽可能靠近 PAM。

（2）设计 sgRNA 模板（包括 T7 启动子序列），使用体外转录试剂盒进行 sgRNA 体外合成；sgRNA 经纯化后，测浓度备用。

2. 第二步：获取 *hph* 和 GFP 片段

（1）设计扩增 *hph* 抗性基因上下游引物（无需悬挂同源臂），以 pAN7-1 为模板 PCR 扩增 *hph* 基因，对 PCR 产物进行电泳验证并纯化产物（无核酸酶 ddH_2O 洗脱），测定浓度。

（2）设计扩增 GFP（碳端含有柔性 Linker）修复模板的上下游引物，以 p-zero-Pgpd-GFP 为模板 PCR 扩增 GFP 片段，回收产物待用。具体引物设计如下：

① 上游引物：包括 *cnaA* 启动子/5′UTR（30～35nt）的 3′端和 GFP 的 5′端（含 ATG，20～24nt）。

② 下游引物：包括 *cnaA* ORF（30～35nt）的 5′端和 GFP 的 3′端（20～24nt）。

③ 如果 GFP 插入 *cnaA* 起始密码子后，crRNA-PAM 的主体仍然存在（即 crRNA 3′的 12nt 序列和 NGG 序列仍然存在），则需要在设计引物时为 crRNA-PAM 的主体引物引入无义突变（不改变编码序列）。

具体细节参考图 3-4 举例。

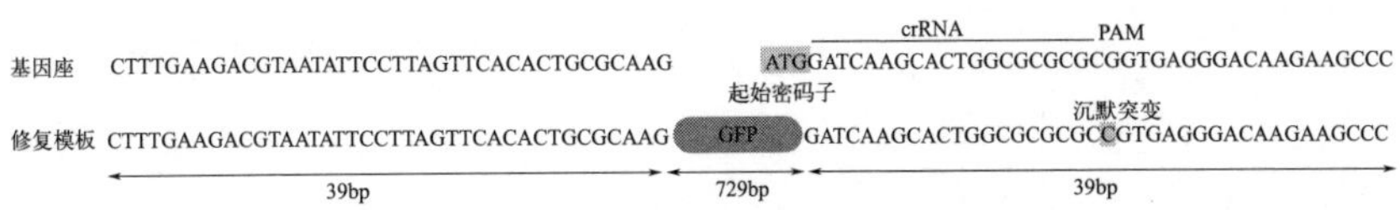

图 3-4　GFP 修复模板举例示意图

3. 第三步：将 sgRNA、修复模板 GFP 片段和筛选基因 *hph* 共转入 1015^{pFC330}

（1）制备 1015^{pFC330} 菌株的新鲜原生质体。

（2）将 4μg sgRNA、10μg GFP 片段和 2μg *hph* 共转入原生质体（此步与实验 3 操作一致，需要使用无核酸酶耗材）。

（3）28℃培养 3～5d，获得具有潮霉素抗性的单菌落转化子。

4. 第四步：转化子验证

（1）将转化子对点转接至含有 200μg/mL 潮霉素的 PDA 上培养 3d，再继续于 PD 液体培养基中扩大培养，提取基因组 DNA（步骤见实验 3）。

（2）在 *cnaA* 基因上设计特异性验证引物（上下游引物分别位于左右同源臂的上游和下游），PCR 扩增对照和实验组菌株基因组。

（3）通过 PCR 片段大小初步判断 *cnaA* 基因座是否发生 GFP 插入。

（4）对潜在的整合入 GFP 的 *cnaA* 基因扩增产物进行测序分析，确认 GFP 正确整合。

（5）利用倒置荧光显微镜观察 GFP-CnaA 蛋白质的亚细胞定位。

五、实验结果

1. 给出针对 *cnaA* 设计的 crRNA 序列，并叙述设计思路

2. 给出扩增 GFP 的引物，并叙述设计思路

3. 转化盘图

4. 诊断 PCR 结果

5. 荧光显微镜观察结果

6. 菌株基因鉴定结果

六、思考题

1. 为何在 sgRNA、GFP 和 *hph* 共转化时，GFP 的用量高于 *hph*？

2. 如果 *cnaA* 的起始密码子区域不存在合适的 sgRNA 打靶点，则需要在终止密码子区域设计，思考如何设计可以使得 GFP 高效标记。

实验 10　CRISPR-Cas9 介导丝状真菌的基因原位点突变

一、实验目的

本实验旨在掌握利用 CRISPR-Cas9 系统对丝状真菌基因进行精准原位点突变的策略与操作方法。通过设计特异性的 sgRNA 并配合体外合成的修复模板，在目标基因内部引入一个预设的终止密码子，实现目的基因的功能性终止或截断表达。该方法依赖同源重组机制进行无标记（Marker-free）修复，无需外源抗性筛选标记的插入编辑基因，具有编辑效率高、遗传背景纯净等优点。

实验中，学生将学习点突变修复模板的设计原则，掌握如何通过 PCR 合成带有特定突变位点的短片段 DNA 作为修复模板，并与 sgRNA、无同源臂 *hph* 共同导入原生质体，实现特定位点的突变替换。最终通过 PCR 和测序验证，确认突变的发生与准确性，为后续真菌基因功能剖析、保守结构域验证和调控元件研究提供重要手段。

二、实验原理

CRISPR-Cas9 系统是一种高效的基因组编辑工具，依靠 Cas9 核酸酶在基因组中引入双链 DNA 断裂（DSB），并依赖宿主细胞的修复机制完成序列重构。本实验通过设计靶向目标基因内部特定位点的 sgRNA，在 Cas9 作用下切割基因组 DNA，并引导细胞利用外源提供的修复模板（含有突变）进行精准修复，从而在预定位置引入一个终止密码子（无义突变），实现基因功能的人为表达截断。修复模板通过 PCR 合成，为一段带有终止突变的短 DNA 序列（约 150bp），用于通过同源重组方式整合至基因组对应同源位置。该策略无需在靶基因处整合筛选标记，避免了抗性基因对转化子表型或转录调控的干扰，同时提高了后续遗传背景的纯净性。为避免修复模板被 Cas9 再次识别切割，可能需在 PAM 序列或靶区内引入不改变氨基酸序列的同义突变。

该方法具有编辑效率高、操作简便、适用性强等特点，适用于丝状真菌的终止突变构建和保守元件功能验证。通过 PCR 和测序可对突变体进行准确鉴定，为进一步开展基因功能研究提供精准的遗传工具。

三、实验材料和仪器设备

本实验以黑曲霉钙调磷酸效应亚基 CnaB（基因号 ASPNIDRAFT2_1143433；主要定位于菌丝隔和顶端）的截断表达为例，进行 CRISPR-Cas9 介导丝状真菌的基因原位点突变策略演示。

1. 微生物材料

(1) 菌株 1015^{pFC330}。

(2) 质粒 pAN7-1（含有潮霉素抗性基因 *hph*）。

2. 核酸与修复模板

具体内容见表 3-7。

表 3-7 核酸、修复模板和相关试剂盒

名称	说明
sgRNA	靶向 *cnaB* 基因，体外转录获得
hph	不含同源臂的 *hph* 片段（筛选基因），由 PCR 扩增获得
$cnaB^{mt}$	含有终止子的 *cnaB* 修复模板，长约 150bp，由 PCR 扩增获得
PCR 引物	用于 sgRNA 模板、$cnaB^{mt}$ 片段扩增
RNA 合成与纯化试剂盒	体外转录合成和纯化 sgRNA

3. 培养基与试剂

具体内容见表 3-8。

表 3-8 培养基与试剂

名称	说明
PDA 固体培养基	菌株常规培养
PD 液体培养基	菌株营养生长
SMM 固体培养基	转化筛选培养基，倒平板时添加潮霉素 B
转化破壁酶以及各转化缓冲液等（见实验 3）	制取原生质体、转化

4. 实验仪器设备

具体内容见表 3-9。

表 3-9 实验仪器设备

仪器名称	功能说明
生物安全柜	无菌操作
恒温培养箱	真菌培养
微量离心机	原生质体洗涤、DNA 沉降等

续表

仪器名称	功能说明
PCR 仪	DNA 扩增
电泳槽与成像系统	检测 PCR 产物
水浴锅	孵育
无核酸酶移液器与吸头	RNA 操作过程中使用

四、实验步骤

黑曲霉 CnaB 含有 193 个氨基酸，本实验以截断表达前 100 个氨基酸为例，部分实验操作简化叙述。

1. 第一步：设计并体外合成靶向 *cnaB* 的 sgRNA

(1) 在编码 *cnaB* 第 100 个氨基酸（甘氨酸）的 DNA 区域（下文描述为 $CnaB^{100G}/cnaB^{100G}$）。

按照以下原则手动设计 crRNA：

① 若 $cnaB^{100G}$ 所处位置存在合适 crRNA，则优选。

② 若 $cnaB^{100G}$ 所处位置不存在合适 crRNA，则在其下游约 150bp 所处位置寻找合适 crRNA。

(2) 设计 sgRNA 模板（包括 T7 启动子序列），使用体外转录试剂盒进行 sgRNA 体外合成；sgRNA 经纯化后，测定浓度备用。

2. 第二步：获取 *hph* 和 $cnaB^{mt}$ 片段

(1) 以 pAN7-1 为模板 PCR 扩增 *hph* 基因，回收后备用。

(2) 设计扩增长约 150bp 的 $cnaB^{mt}$ 修复模板的上下游引物，以黑曲霉基因组为模板 PCR 扩增 $cnaB^{mt}$ 片段，回收产物待用。具体引物设计如下：

① 若 crRNA 包括 $cnaB^{100G}$，则在打靶处设计一条“突变”引物，其中第 101 的丝氨酸 L（$CnaB^{101L}$）对应的密码子突变为 TAA/TAG/TGA（无义突变）。如果必要，另外需在 crRNA-PAM 主体序列中引入同义突变。“突变”引物的突变处上游需存在至少 20nt 的非突变序列以保障同源重组。另外一条配对引物按常规引物设计。

② 若 $cnaB^{100G}$ 所处位置不存在合适 crRNA，则在打靶处设计一条引物引入 crRNA-PAM 主体序列的同义突变，在另外一条配对引物引入 $CnaB^{101L}$ 的无义突变。

图 3-5 为举例展示点突变修复模板。

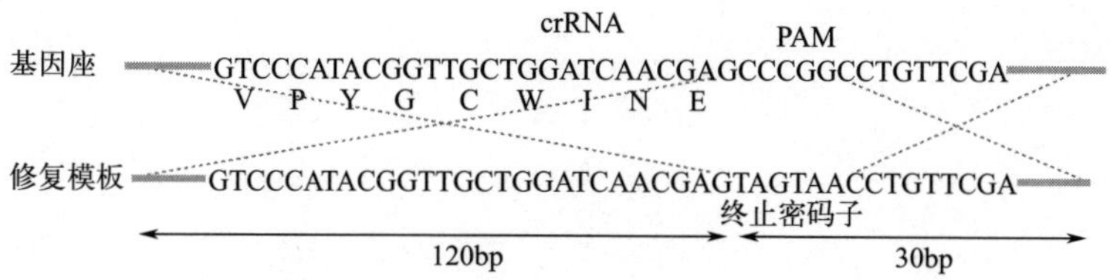

图 3-5　点突变修复模板示意图

3. 第三步：将 sgRNA、修复模板 $cnaB^{mt}$ 片段和筛选基因 *hph* 共转入 1015^{pFC330}

（1）制备 1015^{pFC330} 菌株的新鲜原生质体。

（2）将 4μg sgRNA、5μg $cnaB^{mt}$ 片段和 2μg *hph* 共转入原生质体（此步与实验 3 操作一致，需要使用无核酸酶耗材）。

（3）28℃培养 3～5d，获得具有潮霉素抗性的单菌落转化子。

4. 第四步：转化子验证

（1）将转化子转接扩大培养，提取基因组。

（2）在 *cnaB* 基因上设计特异性验证引物（上下游引物分别位于 $cnaB^{mt}$ 对应的基因组外侧），PCR 扩增对照和实验组菌株基因组。

（3）对扩增产物进行测序分析，验证 *cnaB* 是否发生预设突变。

五、实验结果

1. 给出针对 *cnaB* 设计的 crRNA 序列，并叙述设计思路

2. 给出扩增 $cnaB^{mt}$ 的引物，并叙述设计思路

3. 转化盘图

4. 测序结果

六、思考题

1. 为何在设计 cnaB^{mt} 扩增引物时，需要考虑为 crRNA-PAM 主体序列引入同义突变？

2. 为何“突变”引物的突变处上游需存在至少 20nt 的非突变序列？

3. 思考本实验中是否可以将 GFP 与 *hph* 融合后作为修复模板，如何设计，是否效率更高？

4. 如果想要在体内为 *cnaB* 引入两处位置相距较远的原位点突变，如何设计 sgRNA 和突变修复模板？

实验 11　CRISPR-Cas9 介导丝状真菌的多基因编辑

一、实验目的

本实验旨在通过 CRISPR-Cas9 系统实现丝状真菌的多基因编辑，探索在同一实验中对多个基因进行敲除、过表达等遗传操作的技术路线与应用。多基因编辑技术能够同时针对多个基因进行敲除、过表达、标签标记，广泛应用于基因功能研究、代谢工程及生物合成路径优化等领域。本实验通过设计多个特异性 sgRNA，分别靶向不同的基因，通过一次转化进行同步编辑。

学生将在实验中学习如何合理设计多个 sgRNA 并优化其表达，如何使用多个修复模板进行多个目标基因的同时编辑。

二、实验原理

CRISPR-Cas9系统具有高度可编程性和靶向性，为实现丝状真菌的多基因同步编辑提供了强有力的技术手段。通过在同一载体或反应体系中引入多个sgRNA序列，可同时靶向多个基因位点，实现并行的敲除、突变或基因标签融合等操作。这种多基因编辑策略对于解析基因网络调控、揭示冗余功能基因、重构代谢通路等研究具有重要意义。

在本实验中，利用Cas9蛋白与多个sgRNA的协同作用，在多个基因的目标位点引入双链断裂（DSB）。随后，通过分别设计含有相应同源臂的修复模板，引导细胞启动同源重组（HR）修复，从而实现多基因位点的同时编辑。若设计得当，可实现不同编辑方式的组合操作，如同时对某一基因敲除、另一基因引入终止密码子、第三个基因融合GFP标签等。

为避免重复使用筛选标记带来的干扰，本实验也探索使用单个Marker实现多位点编辑策略，通过高效转化体系实现一次转化突变两个基因，高表达一个基因。

综上所述，CRISPR-Cas9介导的多基因编辑为丝状真菌遗传操作提供了灵活高效的工具平台，是开展真菌多基因功能研究和合成生物学设计不可或缺的重要手段。

三、实验材料和仪器设备

本实验以在黑曲霉中同时敲除 *brlA* 和 *cnaB* 以及异源高表达GFP为例，进行CRISPR-Cas9介导多基因的编辑的策略演示。

1. 微生物材料

（1）菌株　1015^{pFC330}。

（2）质粒　pAN7-1（含有潮霉素抗性基因 *hph*），p-zero-Pgpd-GFP（含有GFP片段）。

2. 核酸与修复模板

具体内容见表3-10。

表3-10　核酸与修复模板

名称	说明
sgRNA	靶向 *brlA*（与实验8使用的sgRNA一致）、*cnaB*（与实验10使用的sgRNA一致），体外转录获得
hph	含有短同源臂的 *hph* 片段（筛选基因），敲除 *brlA* 使用
Pgpd-GFP	含有短同源臂的Pgpd-GFP片段，敲除 *cnaB* 以及表达GFP

续表

名称	说明
PCR 引物	用于 sgRNA 模板等片段扩增
RNA 合成与纯化试剂盒	体外转录合成和纯化 sgRNA

3. 培养基与试剂

参考实验 8～10。

4. 实验仪器设备

参考实验 8～10。

四、实验步骤

本实验试图在黑曲霉中通过在一次转化中利用 *hph* 取代 *brlA* 开放阅读框（ORF），同时利用 Pgpd-GFP 表达盒取代 *cnaB* ORF 部分，以实现一次性敲除两个基因且高表达一个基因的目的。本实验中使用实验 8 中打靶 *brlA* 的 sgRNA 和 *hph*，以及实验 10 中打靶 *cnaB* 的 sgRNA。部分实验操作简化叙述。

1. 第一步：Pgpd-GFP 片段

设计含有短同源臂的引物，以 p-zero-Pgpd-GFP 为模板扩增 Pgpd-GFP 片段。

上游引物：5′端为 *cnaB* 5′UTR 序列（紧挨起始密码子 30～35nt），3′端为 20nt Pgpd 启动子 5′序列。

下游引物：5′端为 *cnaB* 预测断裂处（PAM 前第 3 个碱基处）下游序列（30～35nt），3′端为 20nt GFP ORF 3′序列（含终止密码子）。

2. 第二步：将 sgRNA、修复模板共转入 1015^{pFC330}

（1）制备 1015^{pFC330} 菌株的新鲜原生质体。

（2）将 2μg *brlA* sgRNA、5μg *cnaB* sgRNA、2μg *hph* 和 10μg Pgpd-GFP 共转入 1015^{pFC330} 原生质体。

（3）28℃培养 3～5d，获得具有潮霉素抗性的单菌落转化子。

3. 第三步：转化子验证

（1）根据表型挑选转接转化子（*brlA* 突变赋予白化表型，*cnaB* 突变赋予菌落皱缩生长表型）。

（2）对疑似转化子进行基因诊断，并进行菌丝荧光观察。

五、实验结果

1. 列出扩增 Pgpd-GFP 的引物，并叙述设计思路

2. 转化盘图

3. PCR 诊断图

4. 菌丝荧光图

六、思考题

1. 不增加打靶点的情形下，如何在本实验的基础上同时再异源表达一个 DsRed 基因？

2. 为何 sgRNA 和修复模板在共转时，*cnaB* sgRNA 和 Pgpd-GFP 的组合用量要高于 *brlA* sgRNA 和 *hph* 组合？

第四章

CRISPR-Cas 体系介导大肠杆菌的单碱基编辑

实验 12　质粒 pnSpCas9-TadCD-TadCD 转入大肠杆菌

一、实验目的

本实验旨在通过化学转化法将新构建的碱基编辑器（Base Editor）质粒 pnSpCas9-TadCD-TadCD（TadCD：大肠杆菌来源的、由腺嘌呤脱氨酶 TadA 定向进化而来的胞嘧啶脱氨酶）成功导入大肠杆菌 BL21（DE3）的感受态细胞，获得稳定携带该编辑系统的菌株，为后续在基因组和质粒层面开展高效的单碱基编辑实验奠定基础。在实验过程中，学生将系统学习 CRISPR-Cas 系统与碱基编辑器的基本原理，理解失活型 Cas9 联合胞嘧啶脱氨酶 TadCD 实现 C→T（G→A）单碱基编辑的机制，掌握如何通过串联表达 TadCD 拓宽编辑窗口以提高文库多样性和编辑效率。此外，实验还涵盖高效感受态细胞制备、抗性筛选、质粒转化等核心操作技能，帮助学生掌握基因编辑工具在微生物中的构建与应用方法，并为后续点突变文库构建和表达优化等实验模块提供理论与技术准备。

二、实验原理

CRISPR-Cas 系统是一种源自细菌的获得性免疫机制，现已被广泛应用于基因组编辑领域。传统的 CRISPR-Cas9 系统依靠 Cas9 核酸酶在目标 DNA 上产生双链断裂（DSB），随后借助细胞自身的 DNA 修复机制诱导突变。然而，该方法可能引发非特异性断裂，存在一定的脱靶风险，也很难完成特定碱基的替换/突变。碱基编辑器是一种不依赖双链断裂即可实现单碱基替换的精准编辑工具，结合了失活或部分失活的 Cas9（dCas9 或 nCas9）与碱基脱氨酶等功能模块，具备更高的编辑效率和更低的脱靶率。

本实验所使用的碱基编辑器质粒为 pnSpCas9-TadCD-TadCD。该编辑器由 Nickase Cas9（nCas9）与两个串联表达的大肠杆菌来源胞嘧啶脱氨酶 TadCD 构成。其中，nCas9 是一种经过 D10A 突变的 Cas9 蛋白，失活了其 RuvC 结构域，仅能对 sgRNA 靶向链造成单链缺口（nick，由 HNH 结构域造成），避免了传统 Cas9 所引起的双链断裂。

TadCD 是由大肠杆菌腺嘌呤脱氨酶 TadA 定向进化而来，具有高效的胞嘧啶脱氨活性。在 sgRNA 的引导下，TadCD 能将目标序列中的胞嘧啶（C）脱氨为尿嘧啶（U），在 DNA 复制过程中，U 与腺嘌呤（A）配对，从而实现在多个细胞分裂周期内将 C•G 配对逐步转变为 T•A 配对，实现稳定的 C→T（或 G→A）碱基替换（图 4-1）。尿嘧啶 *N*-糖基化酶（UNG）是一种特异性识别并催化 DNA 分子中尿嘧啶碱基与脱氧核糖间糖苷键水解的酶（形成 AP 位点），为了防止尿嘧啶被细胞修复系统切除，碱基编辑器中还融合了尿嘧啶 *N*-糖基化酶抑制剂（UGI），有效抑制 BER（碱基切除修复）途径，提升了编辑的稳定性与效率。两个 TadCD 的串联表达可显著拓宽碱基编辑窗口，适用于靶向核糖体结合位点（RBS）序列等精细调控区域，便于后续构建高多样性的点突变文库。

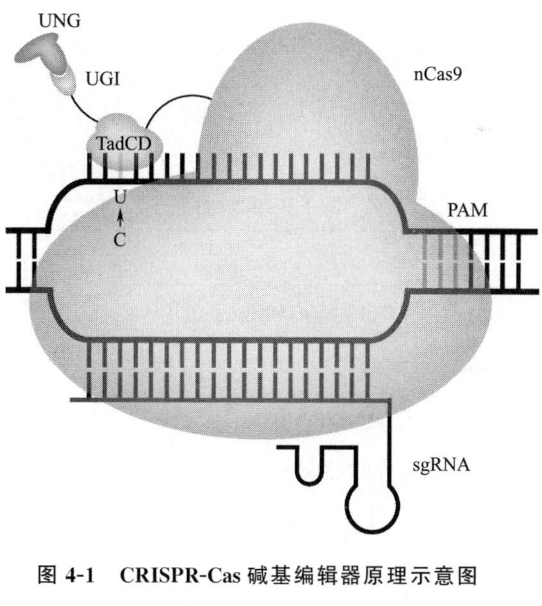

图 4-1　CRISPR-Cas 碱基编辑器原理示意图

BL21（DE3）感受态细胞的制备原理是利用氯化钙处理提供的二价阳离子（Ca^{2+}）中和大肠杆菌细胞膜和 DNA 上的负电荷，减少两者间的静电排斥，并通过离子桥联促进 DNA 吸附于细胞表面；同时低温处理降低膜流动性，使膜处于不稳定状态，在随后的热激过程中产生瞬时通透性通道，从而使外源 DNA 得以进入胞内并实现转化（图 4-2），此称为化学转化（简称化转）。

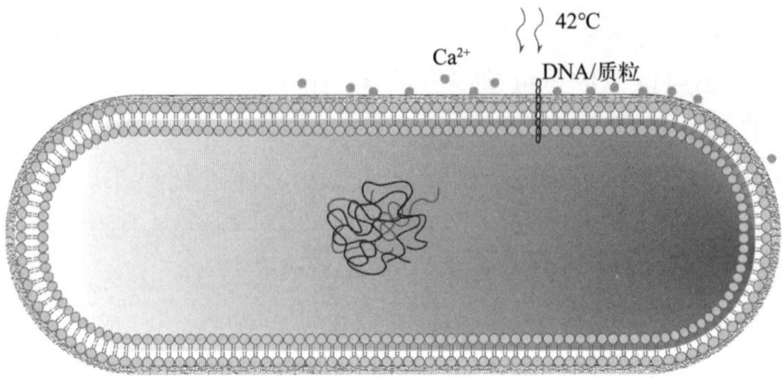

图 4-2　大肠杆菌化转原理示意图

本实验通过化学转化法将该碱基编辑质粒导入大肠杆菌 BL21（DE3）感受态，并利用质粒携带的抗性基因进行阳性克隆筛选，从而获得稳定表达碱基编辑器的菌株。该菌株将作为后续开展基因组或质粒水平碱基编辑、多位点突变构建与表达调控优化等实验的核心工具菌株。

三、实验材料和仪器设备

1. 实验材料

具体内容见表 4-1。

表 4-1　实验材料

类别	名称	规格/说明
菌种	大肠杆菌 BL21（DE3）	甘油保藏株
质粒	pnSpCas9-TadCD-TadCD（图 4-3）	含卡那霉素抗性（KanR）
培养基	LB 液体培养基	标准配方（蛋白胨、酵母粉、NaCl）
培养基	LB 固体培养基	含 2%琼脂和卡那霉素（50μg/mL）
缓冲液	预冷 $CaCl_2$ 溶液	0.1mol/L，用于感受态制备
其他试剂	ddH_2O（无菌）	预冷，用于洗涤菌体
抗生素	卡那霉素（Kan）	50μg/mL 工作浓度
其他试剂	甘油	50%，用于菌株保藏
实验耗材	无菌 EP 管、枪头、玻璃试管、移液管等	一次性或高压灭菌

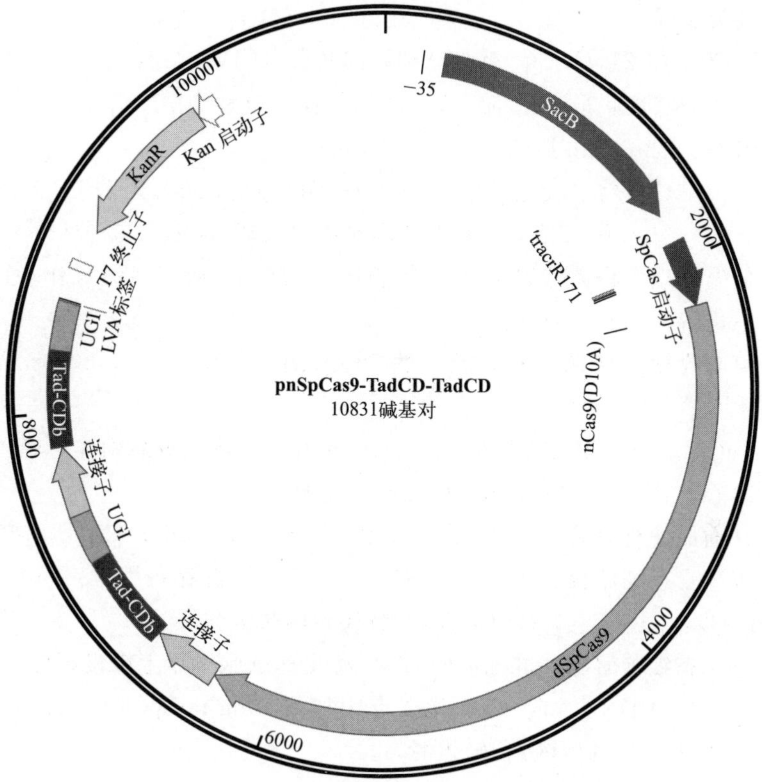

图 4-3　pnSpCas9-TadCD-TadCD

2. 实验仪器设备

具体内容见表 4-2。

表 4-2　实验仪器设备

名称	用途说明
超净工作台	无菌操作环境
恒温振荡培养箱	菌体培养
台式冷冻离心机	感受态制备中菌体收集
水浴锅	热激转化
超低温冰箱	菌株保藏
微量分光光度计	测定菌液浓度（OD_{600}）
微量移液器及枪头	液体移取操作

四、实验步骤

1. 第一步：BL21（DE3）感受态细胞的制备（$CaCl_2$ 处理法）

（1）预培养菌液　取少量 BL21 甘油保藏株，接种 10μL 至 5mL LB 液体培养基中，37℃、220r/min 振荡培养 8～12h 过夜。

（2）扩大培养　将过夜菌液按 1∶100 比例接种至 50mL 新鲜 LB 液体培养基中，37℃、220r/min 继续培养，直至达到对数生长期（OD_{600} 在 0.6～0.8）。

（3）低温处理　将菌液置于冰上冷却 10～15min，所有后续操作均在 4℃或冰浴条件下进行。

（4）离心收菌　将菌液转入预冷的 50mL 离心管中，4℃，5000r/min 离心 10min，弃上清。

（5）$CaCl_2$ 洗涤　用 25mL 预冷 0.1mol/L $CaCl_2$ 溶液重悬菌体，轻轻吹打混匀，再次离心（4℃，5000r/min，10min），重复两次。

（6）甘油保护与分装　最后一次重悬使用 5mL 0.1mol/L $CaCl_2$ + 15%甘油混合液，将感受态细胞分装于 100μL/管，置于−80℃冻存备用。

2. 第二步：pnSpCas9-TadCD-TadCD 质粒的热激化转

（1）感受态细胞解冻　取冻存的 BL21 感受态细胞于冰上缓慢解冻。

（2）混合质粒 DNA　向 50μL 感受态中加入 10ng pnSpCas9-TadCD-TadCD 质粒（用不超过 5μL 的溶液），轻弹混匀。

（3）冰浴孵育　将混合液置于冰上孵育 30min，促进 Ca^{2+} 诱导的 DNA 吸附。

（4）热激转化　将装有转化混合液的 EP 管置于 42℃水浴中热激 45～90s，然后迅速转回冰上冷却 3～5min。

（5）复苏培养　向转化混合液中加入 500μL 无抗 LB 液体培养基，37℃、220r/min 复苏培养 1h。

（6）抗性筛选　取 50μL 复苏液涂布于含卡那霉素（50μg/mL）的 LB 固体平板，37℃培养过夜。

（7）挑取单克隆　次日从平板上挑取单克隆，经 PCR 验证正确后扩大培养后保藏。

五、实验结果

1. pnSpCas9-TadCD-TadCD 化转入 BL21 菌落图

2. 列出验证 pnSpCas9-TadCD-TadCD 质粒化转成功的引物

3. PCR 验证图

六、思考题

1. 如何设计验证引物可以确保 pnSpCas9-TadCD-TadCD 化转成功?
2. 串联表达 TadCD 的目的是什么?
3. $CaCl_2$ 在感受态制备过程中的作用?

实验 13　打靶质粒 pTarget 的构建

一、实验目的

本实验旨在构建用于碱基编辑的打靶质粒 pTarget，该质粒可在原核系统中表达特异性的 sgRNA，引导碱基编辑器识别并作用于目标 DNA 序列，实现 C→T（G→A）单碱基替换。通过与前一实验中的编辑器质粒（pnSpCas9-TadCD-TadCD）联合使用，可对碱基编辑体系的功能进行验证与评估。

本实验采用基于经典“基因点突变”的质粒构建策略，将目标 crRNA 序列（17～20bp）视为“短片段定向突变”区域，仅需一对引物 PCR 扩增，即可在不依赖限制性酶切位点的条件下，高效地将目标靶序列精确整合至 sgRNA 表达框架中。随后通过 *Dpn*I 消化原始甲基化修饰的质粒模板获得表达特异 sgRNA 的新质粒。

通过本实验，学生将深入理解 CRISPR-Cas 系统中 sgRNA 的构成与功能，掌握打靶质粒构建的基本方法，熟悉利用 PCR 引物引入短靶序列进行结构模块替换的设计思路。该方法具有高效、简便、灵活的优点，可广泛应用于多种靶点 sgRNA 的快速构建和碱基编辑体系的多位点验证，具备重要的理论价值和应用意义。

二、实验原理

CRISPR-Cas系统通过单导RNA（sgRNA）引导Cas蛋白识别特定DNA靶序列，从而实现精准的基因编辑。在碱基编辑体系中，通常采用Cas9的切口酶变体（nCas9）与脱氨酶融合而成的碱基编辑器，其靶向定位仍依赖sgRNA的特异性识别。因此，构建携带目标位点crRNA序列的sgRNA表达质粒，是建立和验证碱基编辑系统的关键步骤。

在本实验中，所构建的打靶质粒pTarget由强启动子pJ23119驱动sgRNA的表达。sgRNA由17～20bp的靶向crRNA序列和下游的sgRNA骨架（tracrRNA区）组成。为了实现对不同靶点的快速替换，本实验采用基于“基因点突变”的策略构建sgRNA表达质粒（图4-4）。

首先，设计一对互补引物（55～59nt），其中嵌入预期的靶向crRNA序列。以原始pTarget质粒为模板，通过高保真整质粒PCR扩增，在放大过程中实现对原有占位序列的定向替换。扩增产物为双链质粒，其中包含所需的突变位点。由于模板质粒来源于*dam*$^+$大肠杆菌（如DH5α），其DNA已被甲基化；而PCR扩增所得的新质粒未被甲基化。因此，扩增产物经*Dpn*Ⅰ消化后，原始模板质粒被选择性降解，仅保留新合成的突变质粒。该质粒转化至感受态细胞后，细菌自身修复机制会修复PCR扩增过程中产生的nick位点，从而获得稳定的突变质粒克隆。最终，将构建好的sgRNA表达质粒与含有pnSpCas9-TadCD-TadCD的宿主菌株共同作用，用于检测碱基编辑系统在不同靶点的活性与编辑效率。

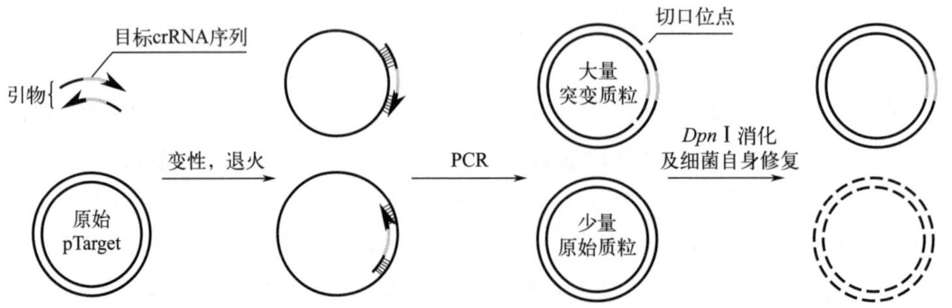

图4-4 “基因点突变”策略构建sgRNA表达示意图

三、实验材料和仪器设备

1. 实验材料

具体内容见表4-3。

表 4-3 实验材料

名称	规格/说明
pTarget 原始质粒（图 4-5）	含 pJ23119 启动子与 sgRNA 骨架框架，壮观霉素抗性
含特定 crRNA 靶序列的 Mut-F 和 Mut-R 引物	自行设计并合成，长度 35～40bp
DNA 聚合酶	如引物 STAR Max、Taq 酶等
Dpn Ⅰ 酶	消化甲基化模板质粒
LB 液体和固体培养基	固体培养基中添加筛选抗生素（如卡那霉素）
卡那霉素（Kan）、壮观霉素	用于阳性克隆筛选，工作浓度 50μg/mL
无菌 EP 管、离心管、PCR 管、枪头等	一次性使用
无菌 ddH_2O	用于 PCR 配制与溶解引物
感受态大肠杆菌 DH5α	用于转化打靶质粒

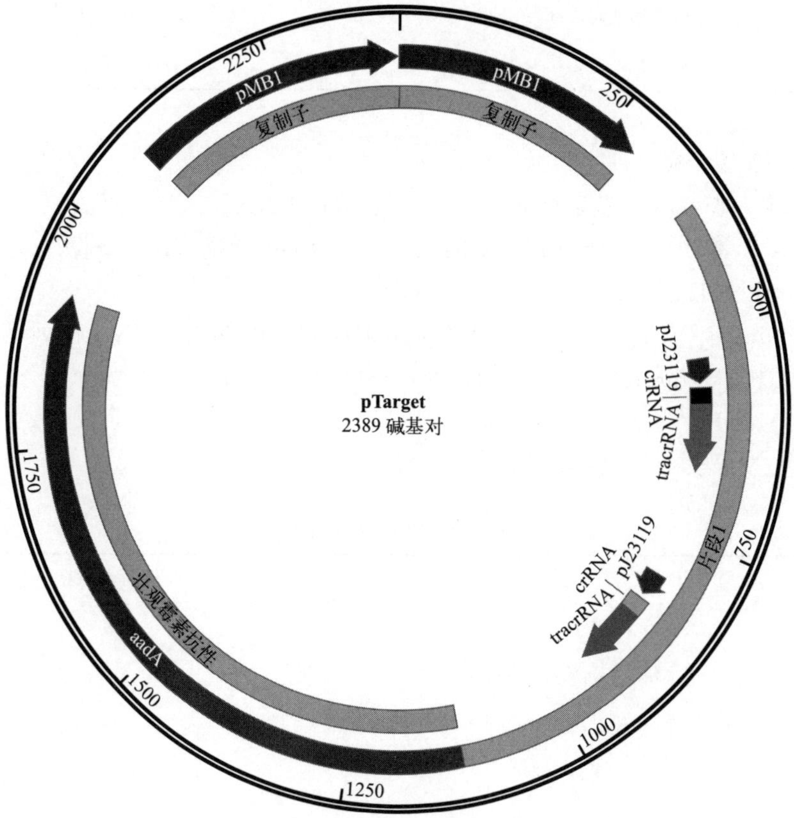

图 4-5 pTarget 质粒图谱示意图

2. 实验仪器设备

具体内容见表 4-4 所示。

表 4-4 实验仪器设备

名称	规格/说明
PCR 仪（热循环仪）	PCR 扩增
微量离心机	适配 1.5/2.0mL 管
电泳装置与电源	DNA 检测
凝胶成像系统	UV/蓝光成像
恒温加热块或水浴	酶反应与热处理
恒温振荡培养箱	细菌培养
涡旋振荡器	样品混匀
超净操作台/生物安全柜	无菌操作
冰箱、超低温冰箱	试剂与菌株保存
微量移液器及枪头	0.5～1000μL
PCR 管、离心管、培养皿等	一次性耗材

四、实验步骤

1. 第一步：PCR 获取含 crRNA 的环状双链 DNA

（1）从 NCBI 网站下载目标基因序列，选取 GC 含量高的区域设计 sgRNA

（2）根据目标 crRNA 设计 PCR 引物

① Mut-F：5′端为 pJ23119 启动子结束序列，中部为 crRNA 序列，3′端为 sgRNA 骨架（tracrRNA）的起始序列，长度为 55～59nt。

② Mut-R：为 Mut-R 的反向互补序列。

（3）按照表 4-5 体系配制 PCR 混合液

表 4-5 PCR 反应体系

成分	体积
高保真 DNA 聚合酶（2×Mix）	25μL
Mut-F 引物（10μmol/L）	1μL
Mut-R 引物（10μmol/L）	1μL
模板质粒	1μL（10～50ng）
无菌 ddH_2O	22μL

（4）按照表 4-6 PCR 程序运行

表 4-6　PCR 运行程序

阶段	温度/℃	时间	循环数
预变性	95	30s	1
变性	95	10s	—
退火	60	15s	30
延伸	72	1min	—
终延伸	72	5min	1
保存	4	∞	—

2. 第二步：*Dpn* Ⅰ消化模板质粒

电泳确认目标产物存在后，向 PCR 反应产物中加入 *Dpn* Ⅰ酶 1μL；37℃水浴孵育 1h，完全消化甲基化模板质粒。

3. 第三步：产物纯化后进行感受态化转

（1）PCR 产物纯化试剂盒纯化 *Dpn* Ⅰ处理后的 PCR 产物。

（2）取 5μL 环化产物转化至 DH5α 感受态细胞。

（3）经过 PCR 验证和测序验证获取正确克隆。

（4）液体扩大培养阳性克隆，取部分用于甘油保种，剩余提取质粒。

五、实验结果

1. 列出本实验所设计的引物 Mut-F/R，说明设计思路

2. 给出 PCR 验证图

六、思考题

1. 思考本实验中为何使用 *Dpn* Ⅰ 酶消化 PCR 产物？

2. 如果依照本实验策略没有成功将目标 crRNA 序列替换到 pTarget 中，请阐述一种其他替代策略？

实验 14 质粒 pTarget 的电转化以及碱基编辑检测

一、实验目的

本实验旨在通过电转化法将构建好的打靶质粒 pTarget 导入表达碱基编辑器（pnSpCas9-TadCD-TadCD）的工程菌株中，并在壮观霉素和卡那霉素筛选压力下获得转化阳性克隆。随后对转化菌株的基因组 DNA 或质粒 DNA 进行碱基编辑检测，验证 CRISPR 碱基编辑系统在所选目标位点的作用效果。通过本实验，学生将掌握：电转化在质粒导入过程中的原理与操作要点；sgRNA 与碱基编辑器协同实现 C→T（或 G→A）突变的基本流程。

二、实验原理

CRISPR 碱基编辑系统是一种无需 DNA 双链断裂即可实现碱基替换的精准基因改造技术。该系统通常由 nCas9（Cas9 D10A 单链切割突变体）与脱氨酶（如 TadCD）融合构成的碱基编辑器，以及特异性 sgRNA 两部分组成。其中，sgRNA 负责识别目标 DNA 序列，引导碱基编辑器定位至靶位点，实现在编辑窗口内的 C→T（或 G→A）碱基转换。

本实验使用的打靶质粒 pTarget 表达目标位点的 sgRNA，编辑器质粒 pnSpCas9-TadCD-TadCD 则持续表达碱基编辑酶复合体。两者协同作用后，可在编辑窗口内诱导目标碱基发生可预期的转换。

为了将打靶质粒导入表达编辑器的工程菌株，本实验采用电转化（Electroporation）技术。该方法通过短时间高压脉冲使细胞膜瞬时产生纳米孔隙，促使质粒 DNA 进入细胞内部（图 4-6）。与传统化学转化法相比，电转化具有转化效率高、适用菌种广等优点，尤其适合于表达多质粒系统的工程菌株。

转化后，使用添加壮观霉素和卡那霉素的 LB 平板进行筛选，获得成功携带 pTarget 质粒的阳性克隆。通过挑取阳性菌落，提取其基因组或质粒 DNA，并进行 PCR 扩增与 Sanger 测序等手段，可判断目标位点是否发生碱基替换，从而评估编辑效率与特异性。

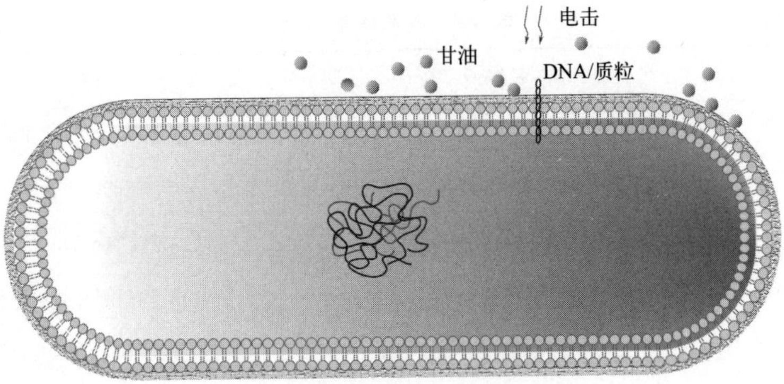

图 4-6　大肠杆菌电转化原理示意图

三、实验材料和仪器设备

1. 实验材料

具体内容见表 4-7。

表 4-7　实验材料

类别	名称	规格/说明
菌株	表达编辑器的工程菌株（如 BL21-pnSpCas9-Tad-CD-TadCD）	携带碱基编辑器质粒，卡那霉素抗性
质粒	打靶质粒 pTarget	表达特异性 sgRNA，壮观霉素抗性
培养基	LB 液体培养基与固体培养基	固体培养基需添加抗生素
抗生素	卡那霉素（Kan）	工作浓度 50μg/mL，用于编辑器筛选
抗生素	壮观霉素（Spectinomycin/Spe）	工作浓度 50μg/mL，用于 pTarget 筛选
甘油	无菌 10%甘油溶液	用于感受态细胞洗涤和重悬
缓冲液	电转缓冲液（如 ddH_2O 或 10%甘油）	全程预冷，低导电性以防击穿
耗材	无菌 EP 管、枪头、离心管、PCR 管等	一次性使用，低温预冷
PCR 试剂	高保真 DNA 聚合酶、引物、dNTP 等	用于后续编辑位点的检测
测序服务	Sanger 测序	检测碱基是否发生预期替换

2. 实验仪器设备

具体内容见表 4-8。

表 4-8　实验仪器设备

类别	名称	说明
电转仪	电穿孔仪（如 Bio-Rad Gene Pulser）	用于将质粒导入工程菌
超净工作台	用于无菌操作和转化处理	保证操作洁净
冰箱	4℃和－80℃冰箱	储存感受态细胞、抗生素等
微量离心机	台式冷冻离心机	0～4℃，用于感受态细胞制备
恒温摇床	37℃振荡培养箱	菌液扩大培养及复苏
PCR 仪	热循环仪	用于扩增待测靶点序列
电泳仪	DNA 电泳系统	检测 PCR 扩增产物
紫外分析仪	凝胶成像系统或蓝光仪	检测 DNA 条带
水浴锅	37℃，便于孵育酶反应	可选

四、实验步骤

1. 第一步：表达编辑器菌株的电转感受态制备

以表达 pnSpCas9-TadCD-TadCD 的工程菌 BL21 为例：

（1）接种工程菌 BL21-pnSpCas9-TadCD -TadCD 于 3mL 含卡那霉素（50μg/mL）的 LB 液体培养基中，37℃振荡过夜。

（2）次日取 1mL 过夜菌液接种入 100mL 含抗卡那霉素的 LB 液体培养基中（1∶100），37℃振荡培养，至 OD_{600} 达到 0.6～0.8（对数生长期）。

（3）将菌液转入预冷的离心管中，4℃、4000r/min 离心 10min，弃上清。

（4）用冰冷的 ddH_2O 重悬菌体，重复洗涤 3 次（每次 50mL），最后用 10% 甘油洗涤 2 次。

（5）最终用少量 10%甘油重悬菌体至 1～2mL，分装每管 50～100μL，迅速置于－80℃保存备用。

2. 第二步：pTarget 质粒的电转化

（1）取出 2 管冻存感受态细胞（50μL/管），在冰上解冻 5～10min。

（2）分别加入 1～2μL 纯化后的 pTarget 质粒（50～100ng）以及不含目标 crRNA 的对照质粒，轻轻混匀，避免产生气泡。

（3）转移混合液至预冷的 1mm 电转杯中，设置电转参数如下：电压 1800V、电阻 200 Ω、电容 25μF、时间 4～5ms，电击后立即加入 1mL 室温 LB 液体培养基至电转杯中，轻轻吹打混匀。

（4）转移至无抗 LB 培养管中，37℃振荡复苏 1h。

（5）涂布 100μL 至含壮观霉素（50μg/mL）和卡那霉素（50μg/mL）的 LB

固体平板，37℃培养过夜。

3. 第三步：碱基编辑效果检测

（1）挑选3～5个菌落接种至1mL含双抗（卡那霉素＋壮观霉素）的LB液体培养基中，37℃振荡培养过夜。

（2）使用特异引物扩增目标编辑位点区域（菌液PCR）。

（3）将产物送Sanger测序，分析目标位点是否发生C→T（或G→A）碱基替换。

（4）根据测序结果计算编辑效率。

五、实验结果

1. 电转化菌落盘

2. 碱基编辑突变测序结果以及编辑效率

六、思考题

1. 简述大肠杆菌的化转和电转的区别？

2. 思考是否存在纯化后的转化子的后代再“分化”，即在目标编辑区域出现其他碱基编辑突变？

第五章

解脂耶氏酵母的基因组编辑

实验 15　Golden Gate 一步克隆构建 GFP 和 DsRed 共表达质粒

一、实验目的

本实验旨在利用 Golden Gate 一步克隆技术，将绿色荧光蛋白（GFP）与红色荧光蛋白（DsRed）通过 2A 自切肽串联表达的方式精确组装至解脂耶氏酵母（*Yarrowia lipolytica*）表达载体中，从而获得能够在同一宿主中实现双荧光蛋白共表达的质粒。通过该实验，学生将系统学习 Golden Gate 技术的基本原理，理解 Type IIS 限制性内切酶介导的“识别位点外切”特性及其在模块化 DNA 片段无缝组装中的应用，掌握在设计引物和连接片段时去除内源性酶切位点、规划黏性末端的关键思路。

在操作层面，学生将完成 GFP-2A-DsRed 表达模块的设计与合成，学习酶切与酶连反应体系的构建与优化，掌握质粒扩增、测序验证等关键步骤。同时，本实验通过 GFP 与 DsRed 的同时表达与荧光检测，使学生能够直观观察 2A 肽介导的“单转录本、多蛋白”表达策略的效果，理解该策略在合成生物学多基因通路构建和代谢工程中的广泛应用价值。最终，本实验为后续多基因表达系统设计、代谢通路改造以及复杂合成生物学回路的搭建奠定理论和技术基础。

二、实验原理

Golden Gate 一步克隆技术是一种基于 Type IIS 限制性内切酶（如 *Bsa* Ⅰ）的 DNA 片段无缝组装方法。与传统限制性酶切不同，Type IIS 酶的切割位点位于其识别序列之外，因此可以在 DNA 片段两端人为设计特异性黏性末端，实现多个片段在单一反应体系中按预设顺序和方向高效拼接。该方法具有“一锅式反应”的特点，即在同一反应管中同时进行酶切与连接，并依靠循环温度控制不断切割与连接，最终获得准确且方向正确的重组质粒（图 5-1）。需要指出的是，虽然 Golden Gate 常采用“一锅式反应”模式，但也可以通过分步酶切与连接的方式实现，且在某些应用场景下这种非一锅式策略同样可行，并能保持较高的组装效率。

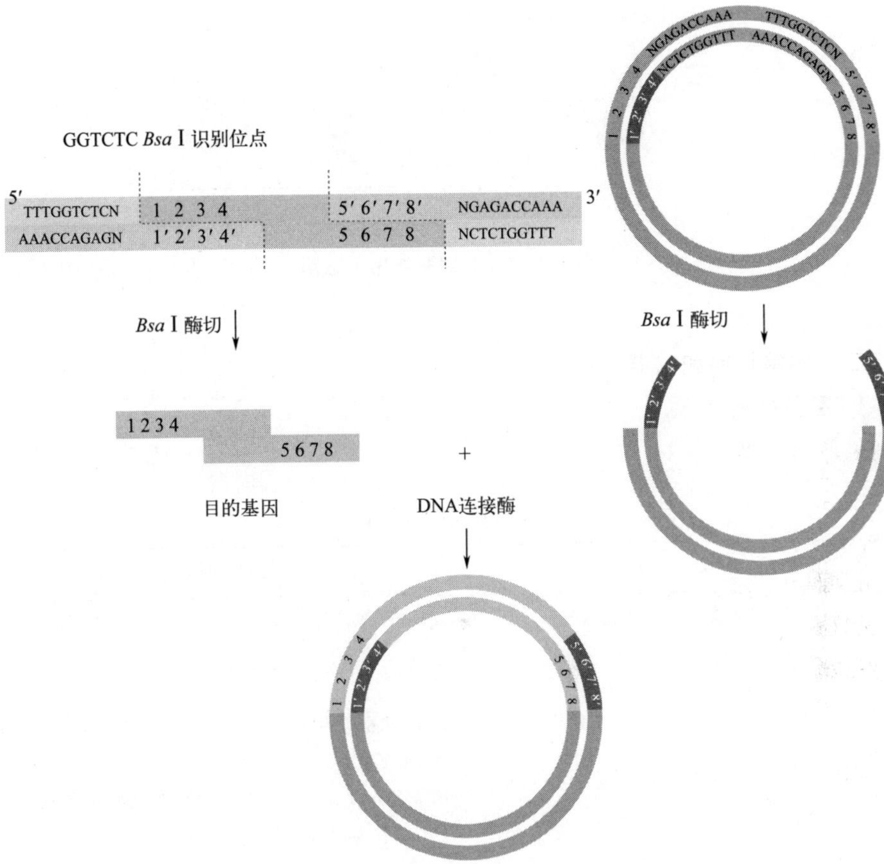

图 5-1　Golden Gate 一步克隆技术工作示意图

在本实验中，将绿色荧光蛋白（GFP）与红色荧光蛋白（DsRed）通过 2A 自切肽（ATNFSLLKQAGDVEENPGP）序列串联。2A 肽是一类来源于病毒的短肽序列，在翻译过程中能够导致核糖体跳跃（Ribosome Skipping），从而使下游蛋白独立翻译，最终产生两个分离的功能蛋白（图 5-2）。与 IRES（内含子进入位点）等方式相比，2A 序列更短且表达水平更均衡，因此广泛用于多基因表达系统的构建。

通过 Golden Gate 技术，将 GFP-2A-DsRed 模块精确插入解脂耶氏酵母的表达载体中，并在大肠杆菌中扩增与测序验证，确保读码框正确及 2A 序列完整。随后转化进入解脂耶氏酵母后，质粒能够在宿主中稳定表达，并在荧光显微镜或流式细胞仪检测下同时观察到绿色和红色荧光，从而验证多基因共表达策略的有效性。这一过程不仅展示了分子克隆的先进方法，也为多基因通路改造和合成生物学研究提供了重要的技术支撑。

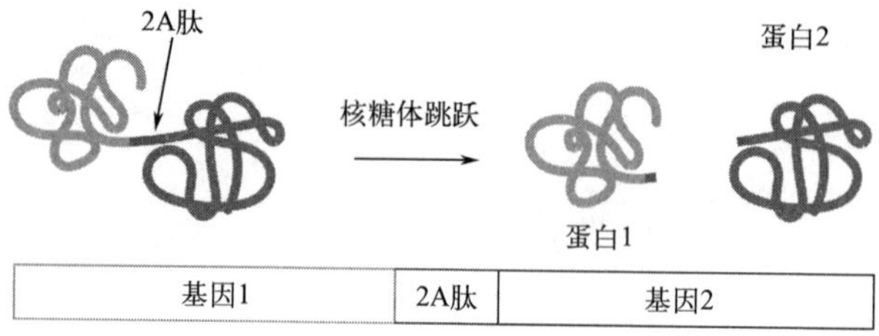

图 5-2　2A 自切肽作用示意图

三、实验材料和仪器设备

1．实验材料

具体内容见表 5-1。

表 5-1　实验材料

类别	名称	规格/说明
菌株	大肠杆菌感受态细胞	克隆用，DH5α
质粒	Golden Gate 骨架载体	含 *Bsa*Ⅰ、位点、抗性标记（AmpR 等）
质粒	pUC-HUH-PTEF-TCYC1T	PTEF（酵母启动子），TCYC1T（酵母终止子），筛选 Marker 基因 *hisG-ura3-hisG*（*ura3* 为尿嘧啶营养缺陷筛选基因），PTEF 和 TCYC1T 之间存在 *BamH* Ⅰ位点（质粒中独一无二）
标记	*ura3*（*pyrG* 同源基因）	用于酵母转化子筛选
培养基	LB（加相应抗生素）	细菌培养
酶	*BamH* Ⅰ、*Bsa* Ⅰ-HF® v2、T4 DNA 连接酶、碱性磷酸酶	Golden Gate 等必需品，购买自 NEB
PCR 相关	高保真 DNA 聚合酶、引物	片段扩增
纯化	胶回收/柱纯化试剂盒	片段纯化
电泳	琼脂糖、TAE/TBE、DNA Marker、染料	片段检测
其他	无菌水、缓冲液等	常规分子生物学试剂

2. 实验仪器设备

具体内容见表 5-2。

表 5-2 实验仪器设备

名称	用途说明
PCR 扩增仪	进行 DNA 片段扩增
微量离心机	样品沉降与纯化
电泳仪及电泳槽	DNA 片段分离与检测
紫外凝胶成像系统	观察和记录电泳结果
移液枪及无菌吸头	精确定量转移液体
恒温水浴锅	酶切、连接及其他恒温反应
恒温摇床（37℃）	大肠杆菌培养及质粒扩增
超净工作台	无菌操作
高压灭菌锅	灭菌培养基和耗材
荧光显微镜（GFP/DsRed 通道）	观察解脂耶氏酵母中双荧光蛋白表达情况

四、实验步骤

1. 第一步：载体线性化

取 pUC-HUH-PTEF-TCYC1T 质粒 1μg，加入 *BamH* Ⅰ 限制性内切酶，按说明书推荐体系在 37℃反应 2h；通过 1%琼脂糖凝胶电泳检测消化结果（以未切质粒作为对照，判断是否酶切成功），切胶回收线性化载体；按照所购碱性磷酸酶使用说明书去除线性化 pUC-HUH-TC 的 5′磷酸基团并纯化，防止后续酶连过程中载体自连。

2. 第二步：目的片段扩增

首先需要排除目的片段本身是否存在 *Bsa* Ⅰ 识别序列，如不存在，则按照从保护碱基（TTT 或者其他）、*Bsa* Ⅰ 位点（GGTCTC）、补位碱基（N）、接头序列（4nt）目的片段序列（18～25nt）的顺序（5′至 3′）设计上下引物（图 5-3）。其中，4nt 的接头序列需要根据相邻连接载体或者片段酶切后的黏性末端按照碱基互补原则设计。如目的片段本身存在 *Bsa* Ⅰ 识别序列，可更换其他 Type IIS 限制性内切酶（如 *BsmB* Ⅰ）。

（1）设计扩增 GFP-2A-N 引物

① 上游引物 GFP-2A-N-F：依次包括保护碱基（TTT）、*Bsa* Ⅰ 位点

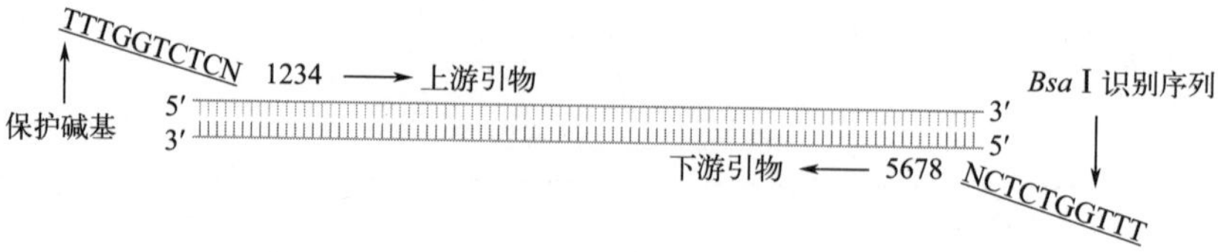

图 5-3　Golden Gate 体系引物设计示意图

（GGTCTC）、补位碱基（N）、*BamH* Ⅰ酶切后的黏性末端（GATC）、GFP 的上游序列（含起始密码子 ATG，ATGAGTAAAGGAGAAGAACTTTTC），序列为 TTTGGTCTCAGATCATGAGTAAAGGAGAAGAACTTTTC。

② 下游引物 GFP-2A-N-R：依次包括保护碱基（TTT）、*Bsa* Ⅰ位点（GGTCTC）、补位碱基（N）、2A N 端序列（GGCTTGTTTAAGAAG-AGAAAAATTAGTAGC）、GFP 的下游序列（不含终止密码子，TTTGTAT-AGTTCATCCATGC），为 TTTGGTCTCA GGCTTGTTTAAGAAGAGAA-AAATTAGTAGCTTTGTATAGTTCATCCATGC。

（2）扩增 2A-C-DsRed 引物

① 上游引物 2C-DsRed-F：依次包括保护碱基（TTT）、*Bsa* Ⅰ位点（GGTCTC）、补位碱基（N）、2A C 端序列（AGCC GGT GAT GTT GAA GAA AAT CCT GGT CCT）、DsRed 的上游序列（ATGGTGCGCTCCTC-CAAG），序列为 TTT GGTCTC A AGCC GGT GAT GTT GAA GAA AAT CCT GGT CCT ATGGTGCGCTCCTCCAAG。

② 下游引物 2C-DsRed-R：依次包括保护碱基（TTT）、*Bsa* Ⅰ位点（GGTCTC）、补位碱基（N）、*BamH* Ⅰ酶切后的黏性末端（GATC）、DsRed 的下游序列（含终止密码子 TAG，CTACAGGAACAGGTGGTGGCGGC），序列为 TTTGGTCTCAGATC CTACAGGAACAGGTGGTGGCGGC。

（3）以含有 GFP 的质粒（p-zero-Pgpd-GFP）和 DsRed 质粒（pCAG-DsRed）为模板，分别使用对应引物对扩增出 GFP-2A-N 和 2A-C-DsRed 片段，胶回收产物备用。

3. 第三步：目的片段的酶切以及与载体的连接

（1）配制 *Bsa*Ⅰ-HF® v2 反应体系　0.5μg GFP-2A-N/2A-C-DsRed、5μL 10 X CutSmart Buffer、1μL（10U）*Bsa* Ⅰ-HF® v2、ddH$_2$O（补足至 50μL）；在 37℃反应 30min，胶回收切割后片段备用。

（2）按照插入片段与载体的摩尔比为 3∶1 配制 T4 DNA 连接酶反应体系　*X*μL GFP-2A-N、*Y*μL 2A-C-DsRed、*W*μL 线性化 pUC-HUH-PTEF-TCYC1T、2μL 10×连接酶缓冲液（含 ATP）、1μL T4 DNA 连接酶、ddH$_2$O（补足至

20μL)；在 16℃反应过夜。

(3) 将连接后的反应液化转至 DH5α 感受态。

4. 第四步：质粒验证与保存

(1) PCR 验证　以结合 PTEF 和 TCYC1T 的引物对，PCR 扩增得到含 GFP-2A-DsRed 大小的条带。

(2) 测序验证　选用覆盖整个 GFP-2A-DsRed 插入片段的测序引物进行双向测序；确认 GFP 与 DsRed 的读码框正确、2A 序列完整无突变，且拼接区与载体连接无错配。

(3) 抽提正确质粒命名为：pUC-HUH-PTEF-GFP-2A-DsRed-TCYC1T (图 5-4)，菌株保种。

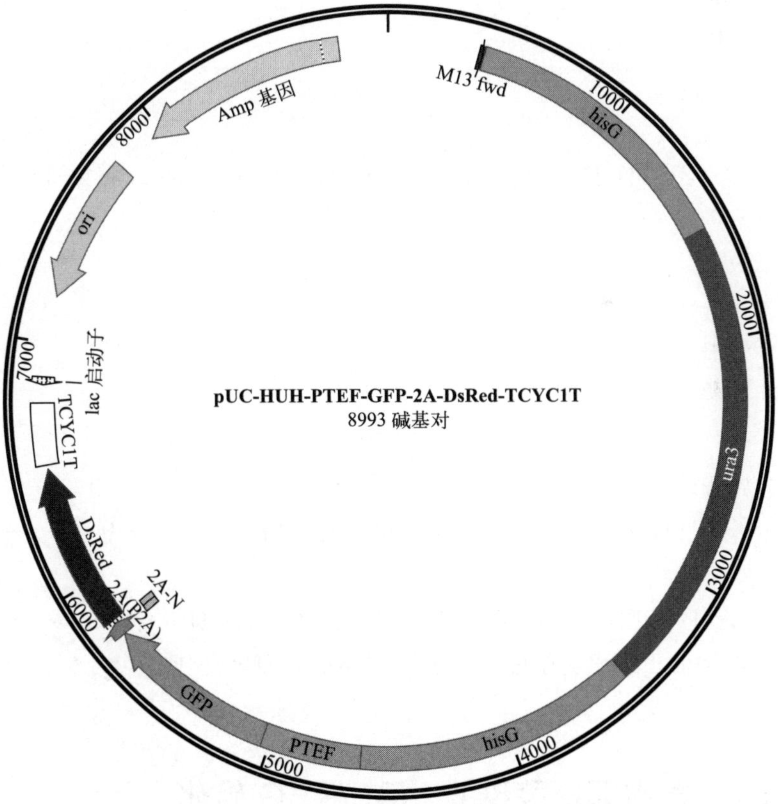

图 5-4　pUC-HUH-PTEF-GFP-2A-DsRed-TCYC1T 图谱

五、实验结果

1. pUC-HUH-PTEF-TCYC1T 酶切电泳图

2. GFP-2A-N/2A-C-DsRed 的 PCR 扩增电泳图

3. 质粒 pUC-HUH-PTEF-GFP-2A-DsRed-TCYC1T 的 PCR 验证图

六、思考题

1. 将 *Bsa* Ⅰ-HF® v2 和 T4 DNA 连接酶所涉的两步反应合为一步，如何操作保证效率？

2. 理论上使用本实验的策略，质粒 pUC-HUH-PTEF-GFP-2A-DsRed-TCYC1T 的构建正确率会超过 50%？如果不能，原因是什么？

实验 16 解脂耶氏酵母的 LiAc/PEG 转化

一、实验目的

本实验旨在利用 LiAc（醋酸锂）/PEG（聚乙二醇）介导法将共表达质粒转

化入解脂耶氏酵母（*Yarrowia lipolytica*）。解脂耶氏酵母作为一种典型的非模式工业微生物，因其优异的脂质积累能力、蛋白分泌水平和底物利用多样性而在合成生物学与代谢工程中具有广阔应用前景。通过本实验，学生将掌握 LiAc/PEG 介导的转化原理与操作步骤，理解质粒在非模式酵母中的导入特点，并通过筛选验证共表达质粒（pUC-HUH-PTEF-GFP-2A-DsRed-TCYC1T）的成功转入与表达，为后续代谢通路改造及产物合成奠定基础。

二、实验原理

解脂耶氏酵母作为一种非模式工业微生物，具有强大的代谢多样性和异源蛋白表达能力，但其遗传操作体系相对不如模式酵母完善。LiAc/PEG 介导法是目前常用的酵母转化技术之一，其原理是利用醋酸锂（LiAc）处理细胞，使细胞壁和膜的通透性增加，从而利于外源 DNA 的导入。具体来说，Li^{+} 可与细胞壁和膜上的负电基团相互作用，打破表面电性平衡，造成细胞壁多糖结构松弛和膜流动性增强；同时，Li^{+} 能部分中和 DNA 的负电荷，减少 DNA 与细胞表面的排斥作用。在此基础上，PEG 促进 DNA 分子与细胞的接触和吸附，而随后的热激则进一步扰动膜结构，产生暂时性通道，使 DNA 分子进入细胞。若同时加入二硫苏糖醇（DTT），还可以提高转化效率：DTT 通过还原细胞壁/膜蛋白上的二硫键，降低细胞壁稳固性，使酵母细胞更易于摄取外源 DNA，从而提高转化效率（图 5-5）。通过该方法，质粒 pUC-HUH-PTEF-GFP-2A-DsRed-TCYC1T 可以被成功导入解脂耶氏酵母，实现外源基因的稳定表达，从而为代谢通路的改造和高值化合物的合成提供宿主基础。

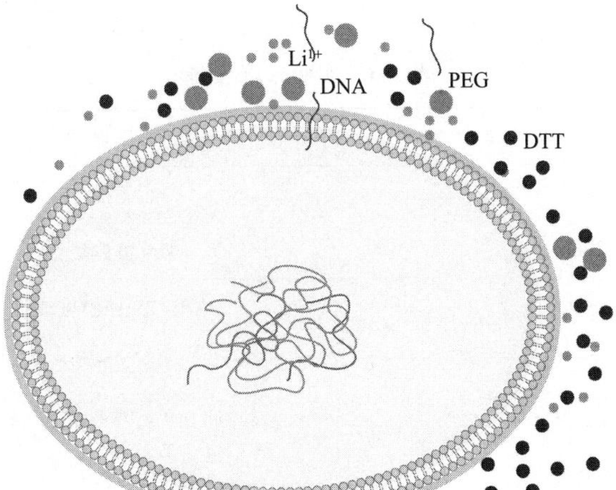

图 5-5　酵母的 LiAc/PEG 转化示意图

三、实验材料和仪器设备设备

1. 实验材料

具体内容见表 5-3。

表 5-3 实验材料

名称	说明
pUC-HUH-PTEF-GFP-2A-DsRed-TCYC1T	含有 GFP 和 DsRed 双报告基因的共表达质粒
解脂耶氏酵母Δ*ura3*（*ura3*$^{-}$）	尿嘧啶营养缺陷株，作为转化受体
YPD 培养基	酵母生长常规培养基，1L 配方：10g 酵母浸膏（Yeast extract）、20g 蛋白胨（Peptone）、20g 葡萄糖（Dextrose/Glucose）、15～20g 琼脂（可选项）
SD-Ura（尿嘧啶缺陷型合成葡萄糖基础培养基）	SD-Ura 培养基是一种用于酵母遗传操作的合成选择培养基，以酵母氮源（6.7g/L YNB）和 2% 葡萄糖为基础，补充腺嘌呤及多种氨基酸，但不含尿嘧啶，因此 *ura3*$^{-}$突变株无法在该培养基上生长，只有携带 URA3 标记质粒或整合片段的转化子才能生长，从而实现有效的筛选。
醋酸锂（LiAc）、PEG 4000、单链载体 DNA（鲑鱼精子 DNA）、二硫苏糖醇（DTT）	用于 LiAc/PEG 介导转化

2. 实验仪器设备

具体内容见表 5-4。

表 5-4 实验仪器设备

名称	用途
超净工作台	无菌操作
恒温振荡培养箱	酵母液体培养
高速冷冻离心机	收集与洗涤酵母细胞
恒温水浴锅	热激处理
荧光显微镜	检测 GFP 和 DsRed 荧光信号
微量移液器及枪头	精确移液
电热恒温培养箱	平板培养

四、实验步骤

1. 第一步：试剂与工作液准备

（1）LiAc缓冲液（2mol/L LiAc）　备好商业LiAc粉末并配制为2mol/L储液（现配现用最佳）。

（2）50%（W/V）PEG 4000　称取并用无菌水配制，高温灭菌后分装，4℃保存。

（3）单链变性鲑鱼精子DNA（ssDNA，10mg/mL）　购买商业液体试剂，95℃、5min后速冷，一次性使用或－20℃保存。

（4）SD-Ura平板　用1L蒸馏水重悬27.93g商业SD-Ura预配粉末，配制时搅动至完全溶解，加入20g琼脂，高温灭菌后使用。

（5）DTT　备好商业DTT粉末并配制为2mol/L储液。

（6）质粒　pUC-HUH-PTEF-GFP-2A-DsRed-TCYC1T（纯化，浓度≥100ng/μL；若欲整合可用限制酶线性化并纯化）。

2. 第二步：解脂耶氏酵母感受态转化

（1）将Δ*ura3*单菌落接种于5mL YPD培养基中，30℃、200r/min振荡过夜。

（2）将2mL指数生长期培养液（$OD_{600}\approx 0.6\sim0.8$）置于离心管中，12000r/min离心1min，弃上清。

（3）取5μL 10mg/mL单链鲑鱼精子DNA，95℃加热3min，冷却后转移至上述含有Δ*ura3*的离心管中，混匀。

（4）向离心管中再加入5μL 2mol/L醋酸锂（现配现用，过滤除菌）、5μL 2mol/L DTT溶液以及5μL pUC-HUH-PTEF-GFP-2A-DsRed-TCYC1T质粒（0.5～1μg），混匀。

（5）取80μL 50% PEG4000，加入进混合物，吹吸混匀菌体，使所加试剂、质粒与菌体充分混合（必要时可以在涡旋振荡仪中振荡处理10s）。

（6）将离心管置于37°水浴锅中1h，每10min在涡旋振荡仪中振荡处理10～15s，1h后将重悬液均匀涂布于预先干燥的SD-Ura平板，30℃培养4d。

3. 第三步：转化子鉴定

（1）荧光检测　使用荧光显微镜观察GFP与DsRed表达（GFP和DsRed应分别在相应激发/发射波段下观察）。

（2）菌落PCR　将具备荧光信号的转化子转接至YPD固体培养基上培养1～2d，然后用针对载体或目的基因的引物进行菌落PCR，验证外源片段，将PCR验证结果阳性的转化子命名为$YL^{GFP\text{-}2A\text{-}DsRed}$。如果菌落较大则需要使用0.2mol/L NaOH 95℃处理菌落30min释放基因组DNA。

五、实验结果

1. 给出转化盘菌落图

2. 荧光显微镜图

3. 菌落 PCR 验证

六、思考题

1. 在 LiAc/PEG 介导转化体系中，醋酸锂、PEG、DTT 和单链载体 DNA 各自发挥了什么作用？如果省略其中某一组分，可能会对转化效率造成什么影响？

2. 本实验使用的质粒同时携带 GFP 与 DsRed 报告基因，并通过 2A 肽实现多基因共表达。请分析这种设计的原理及其在代谢工程研究中的应用价值。

3. 实验中菌落 PCR 步骤中，为何较大菌落需要使用碱处理释放 DNA？

实验 17　Western blot 检测 GFP 在解脂耶氏酵母中表达

一、实验目的

在实验 16 中，通过 LiAc/PEG 介导法将携带 GFP-2A-DsRed 双报告基因的质粒成功转化入解脂耶氏酵母，并利用荧光显微镜和 PCR 对转化子 $YL^{GFP\text{-}2A\text{-}DsRed}$ 进行初步鉴定。但由于质粒设计中因为 2A 肽的存在，GFP 可能以两种形式存在：单独的 GFP 蛋白或 GFP-2A-DsRed 融合前体蛋白，仅依赖荧光信号无法区分其具体存在形式。为此，本实验采用 Western blot 技术检测转化株中的 GFP 表达情况。通过蛋白样品提取、SDS-PAGE 电泳分离及免疫印迹分析，明确 GFP 的分子质量及表达状态，从而验证共表达系统是否正确发挥作用。学生将掌握 Western blot 的基本实验流程，理解蛋白水平检测在外源基因表达与代谢工程研究中的必要性。

二、实验原理

在实验 16 中，通过荧光显微镜观察到 GFP 与 DsRed 信号，提示转化子可能成功表达外源质粒，但荧光检测无法区分 GFP 是以独立蛋白形式存在，还是以未完全切割的 GFP-2A-DsRed 融合蛋白形式存在。为明确蛋白表达形式，需要采用 Western blot 技术。作为一种阴离子表面活性剂，SDS 能够破坏蛋白质的疏水键和氢键，并按照一定比例与蛋白质结合，使得蛋白质的负电荷量显著超过其原本的电荷。这一特性使得蛋白质的迁移速度主要由分子质量决定，从而实现对 GFP（约 27kDa）与 GFP-2A-DsRed（约 70kDa）的分离。分离后的蛋白通过电转移固定到 PVDF（Polyvinylidene Fluoride，聚偏二氟乙烯）或 NC 膜（Nitrocellulose Membrane，硝酸纤维素膜）上，膜表面对蛋白具有较强结合力，可牢固固定，而膜上未被蛋白结合的区域则通过封闭液（如脱脂乳粉或 BSA）尽可能覆盖，以减少抗体的非特异性结合。随后利用一抗（针对 GFP 的特异性结合抗体）与 GFP 蛋白上的抗原决定簇结合，再由识别结合一抗 FC（Fragment Crystallizable）段的二抗辅助检测，二抗通常偶联辣根过氧化物酶（Horseradish Peroxidase，HRP）。HRP 在过氧化氢作用下催化化学底物（如 ECL 发光底物）氧化，产生电子激发态产物并释放光子，实现蛋白条带的可视化，同时通过酶催化放大信号，提高检测灵敏度（图 5-6）。通过 Western blot，不仅可以验证 GFP 是否成功表达，还能区分蛋白的具体形式，为评估多基因共表达系统 2A 肽的工作效率提供了依据。

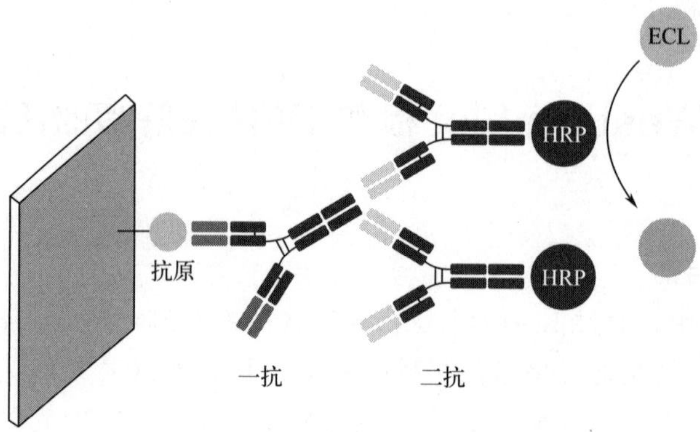

图 5-6 Western blot 检测体系中“一抗-二抗-HRP-ECL”发光原理

三、实验材料和仪器设备

1. 实验材料

具体内容见表 5-5。

表 5-5 实验材料

名称	说明
解脂耶氏酵母（*Yarrowia lipolytica*）	GFP 转化株（$YL^{GFP\text{-}2A\text{-}DsRed}$）或对照株（野生型，WT，$ur3^+$）
YPD 液体培养基	酵母生长常规培养基，用于细胞扩增
SDS-PAGE 分离胶（10%）与浓缩胶（5%）	自配，包括 30%丙烯酰胺/甲叉双丙烯酰胺溶液（一般 29：1）、Tris-HCl 缓冲液：1.5mol/L，pH 8.8（用于分离胶）0.5mol/L，pH 6.8（用于浓缩胶）、10% SDS、10% APS（过硫酸铵，现配）、TEMED（四甲基乙二胺）
SDS 蛋白上样缓冲液（2×）	4% SDS，20% 甘油，10% β-巯基乙醇，0.004% 溴酚蓝，0.125mol/L Tris-HCl，pH 6.8
裂解缓冲液	0.2mol/L NaOH，0.2% β-巯基乙醇，用于蛋白提取
TCA（三氯乙酸）溶液	促进蛋白沉淀，称取 500g TCA 加 227mL 水
1mol/L Tris	用于中和蛋白沉淀后溶解
PVDF 膜	Millipore 品牌，用于蛋白转膜
脱脂乳粉	配制封闭液，脱脂乳粉作为封闭液，是利用其中的酪蛋白等蛋白质覆盖膜上非特异结合位点，从而减少背景信号，提高检测特异性；使用 1×PBST 配制，50～60℃水浴短时间加热充分溶解

续表

名称	说明
PBST	1×PBST (PBS buffer + 0.1% Tween-20)，洗膜等使用
一抗（抗 GFP）	商业 GFP 抗体，按说明书稀释
二抗（HRP 偶联）	放大信号，用于结合一抗
ECL 显影试剂	包括 A 液和 B 液，使用时混合，化学发光检测蛋白
甲醇	PVDF 膜活化用
1×SDS 电泳缓冲液（Running Buffer）	1L 配方：Tris 3.03g、甘氨酸 14.4g、SDS 1g
转膜缓冲液（Transfer Buffer）	1L 配方：3.03g Tris 和 14.4g 甘氨酸溶解于 800mL 去离子水中，加入 200mL 甲醇
考马斯亮蓝染液与洗脱液	蛋白在 SDS-PAGE 胶显色

2. 实验仪器设备

具体内容见表 5-6。

表 5-6　实验仪器设备

名称	用途
恒温振荡培养箱	培养酵母菌液
高速冷冻离心机	收集和洗涤酵母细胞、蛋白沉淀
液氮与研钵	细胞冻研，粉碎酵母细胞
微量移液器及枪头	精确移液上样
SDS-PAGE 电泳槽及电源	蛋白分离
转膜夹及恒流电源	蛋白电转至 PVDF 膜
室温摇床	封闭和抗体孵育
暗室或暗盒	ECL 显色反应
荧光成像仪/化学发光成像仪	蛋白信号检测
烘干滤纸、海绵等	转膜夹辅助固定
水浴锅或金属浴设备	蛋白上样加热（95℃）

四、实验步骤

1. 第一步：解脂耶氏酵母培养与收集

将 WT 和 $YL^{GFP\text{-}2A\text{-}DsRed}$-1/2/3（三个独立的转化子）分别接种至 100mL YPD 液体培养基中，30℃，200～220r/min 振荡培养 16～24h，至对数后期（也可根据需求更改）；(4000～6000) ×g、4℃离心 5min 收集酵母细胞，弃上清；冷无菌水洗涤 2～3 次，滤纸吸干多余水分；锡箔纸包裹细胞，液氮速冻备用。

2. 第二步：蛋白提取与预处理

液氮研磨冻干酵母细胞，取约 10mg 菌粉加入 1mL 裂解缓冲液，加入 75μL TCA 溶液，振荡混匀冰浴 10min；14000r/min、4℃离心 5min，弃上清；加入 100μL 1mol/L Tris 和 100μL 2×SDS 上样缓冲液，95℃加热 5min 充分溶解；14000r/min 离心 1min，取上清待上样。

3. 第三步：SDS-PAGE 电泳

首先，按照表 5-7 配制 SDS-PAGE 凝胶。

表 5-7　SDS-PAGE 凝胶配制体系

组分	分离胶（10%）/mL	浓缩胶（5%）/mL
H_2O	3.3	2.75
30%丙烯酰胺	4.0	1.67
Tris-HCl	2.5（1.5mol/L，pH 8.8）	0.5（0.5mol/L，pH 6.8）
10% SDS	0.1	0.04
10% APS	0.1	0.04
TEMED	0.004	0.004
总量	10	5

具体过程：配制 SDS-PAGE 胶时，首先准备分离胶所需的双蒸水、30%丙烯酰胺、1.5mol/L Tris-HCl（pH 8.8）、10% SDS；最后加入 10% APS 和 TEMED 引发聚合，迅速倒入电泳胶模并用异丙醇覆盖防气泡，静置 30～60min 至完全聚合；分离胶聚合完成后，倒掉覆盖液冲洗胶面，配制浓缩胶所需的水、30%丙烯酰胺、0.5mol/L Tris-HCl（pH 6.8）、10% SDS；最后加入 10% APS 和 TEMED 混匀，倒于分离胶顶部并插入梳子形成样品孔，静置聚合 30～60min 即可使用；配制过程中应避免提前加入 APS 和 TEMED 以防过早聚合，并注意去除气泡。

4. 第四步：SDS-PAGE 电泳

(1) 上样　每孔加入 10μL 蛋白样品（或按需要控制在 10～20μg 总蛋白/孔）；加载预染蛋白 Marker（～5μL/孔）以便后续判断转膜与条带分子质量；空

孔用1×上样缓冲液补齐，确保各孔液面一致，避免“跑偏”。

（2）装槽与灌缓冲液　组装电泳槽，加入1×电泳缓冲液至内外腔液面合适，检查是否漏液与是否有气泡卡在胶底部。

（3）电泳条件　80V进行堆积（样品在浓缩胶聚集），10～20min，观察溴酚蓝进入分离胶界面；切换120V分离，60～90min（随胶厚/目标分子质量而变），溴酚蓝即将跑出胶时停止（也可根据检测蛋白的分子质量决定何时终止电泳）；若电流过大导致槽液升温，可置于室温风道处或外槽加冰袋，避免过热影响分离效果与条带变形。

5. 第五步：蛋白转膜

（1）预处理　电泳结束后，用剪刀去除胶边角，在冷的转膜缓冲液中平衡3～5min；可将不含目标蛋白的胶区域切下，保留下来进行考马斯亮蓝染色，用于观察总蛋白条带并作为上样量比较；PVDF膜需先在甲醇中润湿约40s，再转入转膜缓冲液平衡3～5min；滤纸与海绵垫也应充分浸润转膜缓冲液。

（2）装夹顺序（自负极→正极）　黑（－）电极→海绵→滤纸→胶→膜→滤纸→海绵→红（＋）电极；逐层装配时用滚棒/移液器套头轻轻滚压，排除任何气泡。

（3）标记与方向　用铅笔在膜的一个角做记号，避免后续孵育、显色时放反或混淆；可在膜边缘用Marker参照位置做点记。

（4）转膜条件　恒流350mA，冰浴条件下约90min（常用条件，也可根据蛋白大小调整时间）；大蛋白（＞100kDa）可降低甲醇至10%并在转膜缓冲液中加0.05% SDS以促进转出；小蛋白（＜20kDa）建议维持20%甲醇以减少“穿膜”。

6. 第六步：封闭与抗体孵育

（1）封闭　将膜置于5%脱脂乳粉，室温摇床低速摇晃2h；若检测磷酸化蛋白或背景偏高，可改用5% BSA（Bovine Serum Albumin，牛血清白蛋白）/PBST。

（2）洗膜　1×PBST清洗4次×5min，中试摇晃以去除游离封闭剂。

（3）一抗孵育　按说明书用PBST稀释一抗［常见参考稀释范围（1∶1000）～（1∶5000），以说明书为准］；加入可完全覆盖膜面的体积（0.05～0.1mL/cm^2），4℃轻摇过夜（12～16h）；可将膜放入自封袋或平底盒中，尽量减少用量并均匀覆盖。

（4）洗膜　1×PBST清洗4次×10min，更换新液并轻摇，充分降低背景。

（5）二抗孵育　按说明书用PBST稀释HRP-偶联二抗［常见稀释倍数（1∶5000）～（1∶10000）］；室温2h轻摇孵育，同样保证完全覆盖膜面。

（6）最终洗膜　1×PBST清洗4次×10min；最后可用1×PBS/不含Tween的缓冲液快速漂洗1次，利于后续ECL显色。

若同时想检测内参蛋白（如 Actin），可在转膜后按分子质量裁膜分别孵育不同一抗；遇到背景高：提高洗膜次数/时间、降低一抗或二抗稀释度、延长封闭时间或改用 BSA。

7. 第七步：ECL 显色与成像

（1）加底物　取 ECL 试剂盒的 A、B 液各 0.3mL 混匀；将膜正面朝上平放，均匀滴加混合液（~0.1mL/cm^2），室温孵育 1min；轻轻甩去多余底物或用边角纸巾点去过量液体，避免“水波纹”造成不匀。

（2）成像　将膜夹入透明保护膜/保鲜膜中（防蒸发与污染），放入化学发光成像仪；进行多档曝光（例如 5s / 30s / 2min）以避免饱和并获取线性范围内的信号；如信号过强，需要缩短曝光、降低二抗浓度或缩短一抗时间；信号过弱需要延长曝光时间、增加二抗稀释浓度（即降低稀释倍数）或适度提高一抗浓度。

（3）保存与剖析　成像后应保存原始图像文件（包含曝光时间、增益等参数），避免仅保存处理后的图片；根据已知分子质量标准，标记 GFP 预期条带（约 27kDa）及可能出现的 GFP-2A-DsRed 融合条带（约 70kDa，具体大小与载体构建有关）；同时观察是否存在额外条带，可能提示蛋白降解或翻译不完全；对目的蛋白信号强度需结合上样量（考染结果）进行归一化分析，以排除上样量差异造成的偏差；如有重复实验，应比较条带稳定性与一致性，以确保结果可靠。

五、实验结果

1. SDS-PAGE 胶考染图

2. Western blot 曝光图

六、思考题

1. 为什么在实验16中使用荧光检测不能区分GFP与GFP-2A-DsRed融合蛋白，而Western blot可以？

2. SDS-PAGE分离蛋白时，SDS的作用是什么？为什么它能保证蛋白迁移速率主要与分子质量相关？

3. Western blot实验中为什么需要将蛋白转移到PVDF或NC膜上，而不是直接在胶上做免疫检测？

4. 实验中为什么要进行膜的封闭？如果不封闭会产生什么结果？

5. 为什么二抗常偶联辣根过氧化物酶（HRP）？HRP与ECL底物的反应原理是什么？

6. 本实验中GFP预期条带在27kDa，而GFP-2A-DsRed融合蛋白约为70kDa，如果在结果中仅观察到一条27kDa条带，你会如何解释？

7. 如果出现背景条带过多或信号过弱，可能的原因有哪些？应如何改进？

实验18 DNA Assembly（DNA组装）和URA-blaster体系介导解脂耶氏酵母的基因组定点多轮编辑

一、实验目的

本实验旨在利用DNA Assembly（基因片段组装）和URA-blaster（URA标记可循环系统）系统实现解脂耶氏酵母基因组的定点、多轮编辑。相较于传统质粒表达，基因组整合可实现外源基因的长期稳定表达，避免质粒丢失或拷贝数波动；通过DNA组装精准构建整合片段，结合URA-blaster系统和5-FOA反筛选，可在特定位点插入目标基因并去除标记，实现连续多轮编辑。同时，实验让学生掌握重复序列介导的同源重组机制，为后续代谢通路改造和工业菌株优化奠定基础。

二、实验原理

DNA组装是一种通过同源重组在目标基因编辑位点直接整合多个DNA片段的技术（图5-7），其原理基于细胞内的自然重组机制，能够在细胞内实现多个DNA片段（相邻片段之间含有60～500bp的同源序列）的无缝拼接。与传统方法不同，DNA组装无需外部酶切或连接反应构建质粒或者大片段的复杂过程，能够高效、精准地将多个基因或代谢路径一次性整合到基因组目标位点，简化了实验流程，从而节省时间和成本。

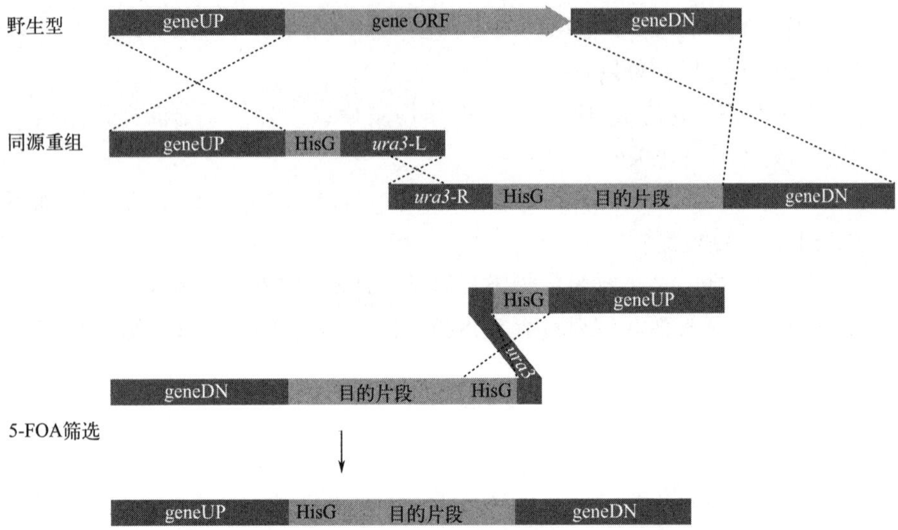

图 5-7　DNA 组装和 URA-blaster 原理示意图

URA-blaster 系统是一种基于同源重组的高效基因编辑策略，用于在酵母等微生物中实现目标基因的替换和标记回收。该系统利用 *ura3* 基因（*pyrG* 的同源基因，编码乳清酸核苷-5′-磷酸脱羧酶）作为筛选标记，*ura3* 基因两侧带有重复序列（如 HisG 序列）。通过同源重组，表达盒能够替换掉基因组中的目标基因，并插入目的基因。正向筛选中，*ura3* 的整合能弥补Δ*ura3* 菌株的尿嘧啶营养缺陷，使得转化后的阳性克隆可以在缺乏尿嘧啶的培养基（SD-Ura）上生长。

为了实现基因组的连续编辑，URA-blaster 系统还利用反向筛选策略。通过在含有 5-氟乳清酸（5-FOA）的培养基中培养，带有 *ura3* 基因的菌株会将 5-FOA 转化为有毒物质 5-氟尿嘧啶，导致细胞死亡。而通过两侧重复 HisG 序列的分子内同源重组，导致 *ura3* 丢失的菌株则能存活。这个机制使得 *ura3* 标记可以在不同的基因编辑过程中反复使用。

这种方法提供了一种简便的途径，允许在酵母中进行多次、精确的基因编辑，广泛应用于代谢工程和合成生物学研究中。

三、实验材料和仪器设备

1. 实验材料

具体内容见表 5-8。

表 5-8 实验材料

名称	说明
pUC-HUH-PTEF-GFP-2A-DsRed-TCYC1T	含有 GFP 和 DsRed 双报告基因的共表达质粒；HUH 指 HisG-Ura3-HisG
解脂耶氏酵母Δ*ura3*（*ura3*$^-$）	尿嘧啶营养缺陷株，作为转化受体
YPD 培养基	酵母生长常规培养基，1L 配方：10g 酵母浸粉（Yeast extract）、20g 蛋白胨（Peptone）、20g 葡萄糖（Dextrose/Glucose）、0.02g 尿嘧啶（尿嘧啶营养缺陷株需加）、15～20g 琼脂（可选项）
SD-Ura 尿嘧啶缺陷培养基	筛选转化子，补充其他必需营养成分
5-FOA	高温溶解于二甲基亚砜，低温保存
醋酸锂（LiAc）、PEG 4000、单链载体 DNA（如鲑鱼精子 DNA）	用于 LiAc/PEG 介导转化
PCR 相关：高保真 DNA 聚合酶、引物	片段扩增
DNA 纯化相关：胶回收/柱纯化试剂盒	片段净化
电泳相关：琼脂糖、TAE/TBE、DNA Marker、染料	片段检测
无水乙醇、无菌水、缓冲液、酵母裂解液等	常规分子生物学试剂

2. 实验仪器设备

具体内容见表 5-9。

表 5-9 实验仪器设备

名称	用途
超净工作台	无菌操作
PCR 扩增仪	进行 DNA 片段扩增
微量离心机	样品沉降与纯化
电泳仪及电泳槽	DNA 片段分离与检测
紫外凝胶成像系统	观察和记录电泳结果
恒温振荡培养箱	酵母液体培养
高速冷冻离心机	收集与洗涤酵母细胞

续表

名称	用途
恒温水浴锅	热激处理
荧光显微镜	检测 GFP 和 DsRed 荧光信号
微量移液器及无菌枪头	精确移液
高压灭菌锅	灭菌培养基和耗材
电热恒温培养箱	平板培养

四、实验步骤

本实验将采用同源重组技术将 PTEF-GFP-2A-DsRed-TCYC1T 表达框定点整合至解脂耶氏酵母Δ*ura3* 基因组的 *ku70* 基因（编码 DNA 修复蛋白，负责非同源末端连接 DNA 修复，为非必需基因）基因座处。“三段融合”构建出含有左右（或上下）同源臂以及筛选基因的“一段式”DNA，是同源重组策略敲除基因的常用策略，但是本实验中两同源臂之间除了筛选基因还有 HisG（2 个）、PTEF-GFP-2A-DsRed-TCYC1T 表达盒，如果融合成一段，总长度达 8000bp 以上。这在现实实验操作中很难融合成功。本实验采用 DNA 组装技术，只需要将上述长片段“一分为二”式存在即可（图 5-8），这两段 DNA 存在一段 500bp 以上的重复序列。

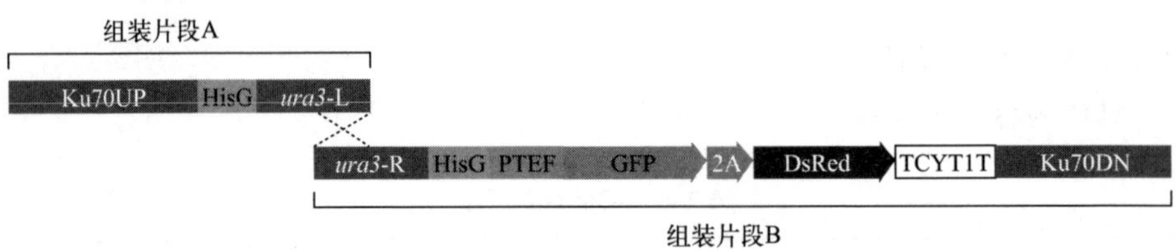

图 5-8　组装片段 A 和 B 示意图

具体操作如下：

1. 第一步：目的片段的扩增

（1）同源臂的扩增　从 FungiDB 网站下载 *ku70*（YALI0 _ C08701g）DNA 序列。针对靶基因 *ku70*，在其起始密码子上游和终止密码子下游各选择 800～1000bp 的序列作为上游和下游同源臂（分别命名为 Ku70UP 和 Ku70DN），以解脂耶氏酵母基因组 DNA 为模板，通过引物（上游同源臂引物对：Ku70UP-F：CGGCTTGTACACACCGACAG，Ku70UP-R：TTTCAAAAAGCGGCGGTTCG；下游同源臂引物对：Ku70DN-F：CTAGGGAGGCACATCT AAACGAATAAC，Ku70DN-R：

GCTGAAGTGAACGACCAAGACTAAAGG），用高保真酶 PCR 扩增上游同源臂和下游同源臂。

（2）HUH（HisG-Ura3-HisG）的上游部分（命名为 HUH1）扩增　由于 HUH 中含有 HisG 重复序列，难以通过 PCR 扩增获得完整 HUH 片段，因此，设计将 HUH 分成前后两部分（前部分 HUH 命名为 HUH1，后部分命名为 HUH2，两者之间有 865bp 重叠区域）进行扩增。以 pUC-HUH-PTEF-GFP-2A-DsRed-TCYC1T 为模板，设计引物（HUH1-F：ACACGAACCACGAACCGCCGCTTTTTGAAAGTAAAACGACGGCCAGTGAATTC，HUH1-R：GAGAGCCCTTGCAAGACAGC），用高保真酶 PCR 扩增 HUH1。其中，HUH1-F 引物 5′端带有与 Ku70 上游同源臂末端重叠 30nt 的序列。

（3）HUH2-PTEF-GFP-2A-DsRed-TCYC1T 的扩增　以 pUC-HUH-PTEF-GFP-2A-DsRed-TCYC1T 为模板，设计引物（HUH2-F：TGGATCACTTTGACGATACATTCTTCGTTG，TCYC1T-R：TTCGTTATTCGTTTAGATGTGCCTCCCTAGGCAAATTAAAGCCTTCGAGCGTCC），用高保真酶 PCR 扩增 HUH2-PTEF-GFP-2A-DsRed-TCYC1T 片段。其中，HUH1 和 HUH2 之间有 865bp 重叠区域，TCYC1T-R 引物 5′端带有与 Ku70 下游同源臂首端重叠 30nt 的序列。

（4）融合 PCR 扩增组装片段 A　以 Ku70UP 和 HUH1 为模板，通过引物 Ku70UP-F 和 HUH1-R，用高保真酶 PCR 扩增出 Assembly 片段 A（Ku70UP-HUH1）。

（5）融合 PCR 扩增组装片段 B　以 HUH2-PTEF-GFP-2A-DsRed-TCYC1T 和 Ku70DN 为模板，通过引物 HUH2-F 和 Ku70DN-R，用高保真酶 PCR 扩增 Assembly 片段 B（HUH2-PTEF-GFP-2A-DsRed-TCYC1T-Ku70DN）。

2. 第二步：片段 A 和 B 的转化

将 Assembly 片段 A 和 B 按等摩尔比加入解脂耶氏酵母原生质体中，详细步骤参考实验 16。

3. 第三步：转化子鉴定

（1）荧光检测　参考实验 16 实验步骤进行。

（2）菌落 PCR　设计验证引物进行菌落 PCR，验证外源片段的定点插入。

4. 第四步：*ura3* 标记的回收（URA-blaster）

（1）阳性克隆培养　将验证正确的阳性克隆接种于 YPD 液体培养基中，30℃过夜培养。

（2）5-FOA 反筛选　取 30μL 培养液涂布于 YPD + 1g/L 5-FOA + 0.02g/L 尿嘧啶平板上，30℃培养 2d，诱导发生分子内同源重组（两 HisG 序列间）而丢失 *ura3* 基因。

（3）验证　将（2）中长起来的克隆点种于 SD-Ura 和 YPD 平板，30℃培养 1d。在 SD-Ura 上不生长、在 YPD＋尿嘧啶上固体培养基生长的菌株即为标记回收成功的 *ura3* 缺陷型敲除株，可用于下一次遗传操作。

五、实验结果

1. 片段扩增结果

提供片段扩增验证凝胶电泳图，显示各片段大小正确。

2. 酵母转化与验证结果

给出 SD-Ura 平板上的菌落图，提供菌落 PCR 验证的设计引物、PCR 电泳图（显示野生型条带和插入后条带的差异）、荧光显微镜图。

3. 标记回收结果

提供在 5-FOA 平板上长出的单菌落照片，以及这些菌株在 SD-Ura 和 YPD 上的生长对比图。

六、思考题

1. 5-FOA 反向筛选的原理是什么？为什么 *ura3* 基因标记的菌株不能在含有 5-FOA 的培养基上生长？

2. 本实验中在设计组装片段 A 和 B 时，A 和 B 都不含有完整的 *ura3* 基因，这样设计的优点是什么？

3. 与 CRISPR-Cas9 技术相比，这种基于同源重组和标记回收的基因编辑方法有哪些优点和局限性？

第六章

农杆菌介导转化技术在真菌中的应用

实验 19　构建表达 GFP 的农杆菌载体

一、实验目的

本实验旨在通过构建表达绿色荧光蛋白（GFP）的农杆菌载体 pZPK-hph-Pgpd-GFP，理解并掌握根癌农杆菌（*Agrobacterium tumefaciens*）介导转化技术在真菌遗传改造中的应用。农杆菌具有独特的 T-DNA 转移系统，不仅广泛用于植物外源基因转化，也在许多难以通过原生质体法实现遗传操作的真菌中展现出高效而稳定的转化优势。借助 GFP 作为报告基因，本实验使学生能够直观理解农杆菌介导转化的原理和特点，认识其在真菌基因功能研究、遗传改造及生物技术应用中的重要价值，为后续深入开展真菌、植物分子生物学实验奠定基础。

二、实验原理

农杆菌是一种土壤革兰氏阴性菌，因其具有独特的 T-DNA 转移系统而成为植物和真菌遗传改造的重要工具。当农杆菌感受到宿主分泌的信号分子（如乙酰丁香酮）后，会激活其 Ti 质粒上的 *vir* 基因簇，从而切割并释放 T-DNA 片段。在一系列伴随蛋白的保护和引导下，T-DNA 通过农杆菌构建的转运通道进入宿主细胞，最终在宿主修复机制的作用下整合进基因组，实现外源基因的稳定表达（图 6-1）。

与传统的原生质体转化方法相比，农杆菌介导转化操作简便、适用范围广、整合拷贝低且较为稳定，因此在许多难以实现遗传操作的真菌中显示出明显优势。通过将 GFP 表达盒插入农杆菌载体并转移至真菌细胞中，可以直观验证该转化方式的有效性，加深对其基本原理和应用价值的理解。

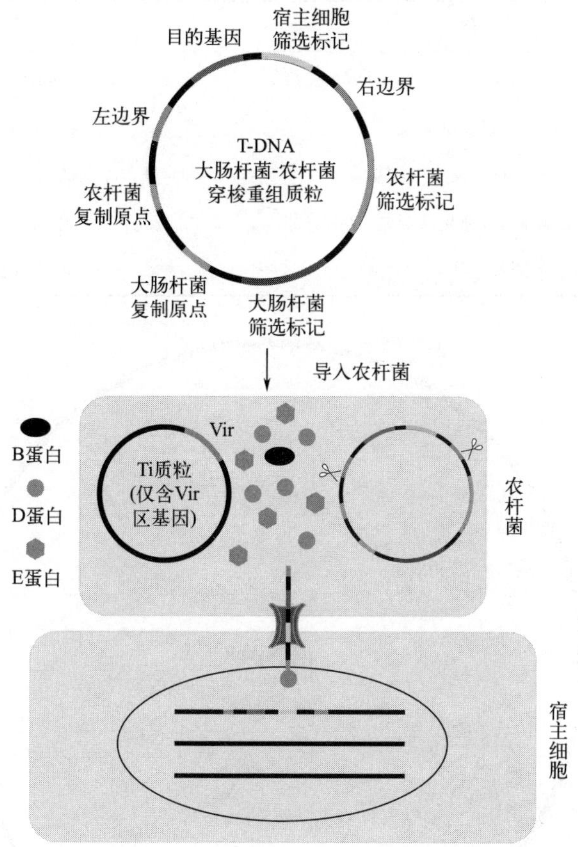

图 6-1　农杆菌介导 DNA 转化的过程简图

三、实验材料和仪器设备

1. 实验材料

具体内容见表 6-1。

表 6-1　实验材料

名称	用途
E. coli DH5α 感受态细胞	质粒扩增与克隆
农杆菌 AGL-1 感受态细胞	电转化受体菌株
pZPK-hph 质粒（图 6-2）	载体骨架，含潮霉素抗性基因
Pgpd-GFP 片段	GFP 表达盒，可通过 PCR 获得

续表

名称	用途
限制性内切酶（*Bsa* I-HF® v2）、T4 DNA 连接酶	Golden Gate 组装
吉布森组装试验盒	Gibson 组装
LB 培养基＋抗生素（卡那霉素）	*E. coli*、*A. tumefaciens* 筛选培养
DNA 提取/纯化试剂盒	片段与质粒提取
感受态制备缓冲液、甘油	电转与菌株保藏

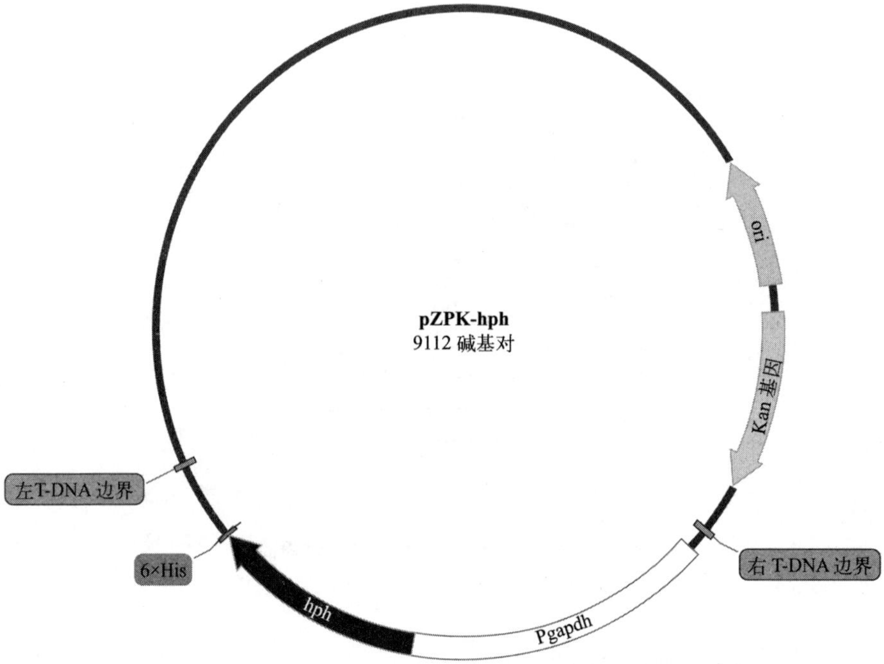

图 6-2　农杆菌 pZPK-hph 质粒图

2. 实验仪器设备

具体内容见表 6-2。

表 6-2　实验仪器设备

名称	用途
PCR 仪	DNA 片段扩增
电泳仪与凝胶成像系统	DNA 鉴定
微量离心机	样品离心

续表

名称	用途
电转化仪	农杆菌电转化
恒温培养箱/摇床	菌株培养
超净工作台	无菌条件下操作

四、实验步骤

1. 第一步：片段与载体准备

获取 Pgpd-GFP 片段，并对 pZPK-hph 载体进行相应处理（可选 Golden Gate 或 Gibson 组装）。

2. 第二步：质粒构建与扩增

组装片段与载体，转化 *E. coli* DH5α；挑取阳性克隆，提取质粒并通过 PCR 与测序验证，获得 pZPK-hph-Pgpd-GFP。在此，要求 Pgpd-GFP 插入至 pZPK-hph 的两个 T-DNA border 之间。

3. 第三步：农杆菌培养与电转

农杆菌 AGL-1 在 LB 培养基中 28～30℃、摇床培养至对数生长期（$OD_{600}\approx$ 0.5～0.8）；参考实验 14 中 *E. coli* 的感受态制备策略，制备 AGL-1 电转感受态；将验证后的 pZPK-hph-Pgpd-GFP 电转入 AGL-1（电压：2400V，电容：25μf，电阻：200 Ω），复苏后涂布于选择性培养基，获得阳性克隆。

4. 第四步：菌株验证与保藏

阳性克隆可通过 PCR 和 Sanger 测序确认 Pgpd-GFP 正确的插入，命名为 AGL-1-GFP；将确认阳性菌株制备甘油管，－80℃长期保存，作为后续实验用菌株。

五、实验结果

1. 叙述质粒构建思路，罗列引物

2. 菌株 PCR 验证电泳图

六、思考题

1. 为什么农杆菌介导转化在许多难以通过原生质体法转化的真菌中更具优势？请结合 T-DNA 转移机制和整合特点作出说明。

2. 实验中 pZPK-hph-Pgpd-GFP 的设计是否有不足之处？

实验 20　农杆菌转化技术介导 GFP 在出芽短梗霉中表达

一、实验目的

本实验旨在通过农杆菌介导转化技术实现 GFP 在出芽短梗霉（*Aureobasidium pullulans*）中的表达，掌握该转化策略在真菌遗传改造中的应用原理。出芽短梗霉作为重要工业菌株，广泛用于多糖、聚苹果酸等高附加值产品的生产，但其原生质体制备与转化过程操作复杂、效率低。相比之下，农杆菌介导转化具有操作简便、高效等优势。通过 GFP 表达的直观验证，学生能够理解农杆菌转化在出芽短梗霉工业菌株遗传改造中的可行性与应用价值，为后续功能基因研究和高效代谢工程构建奠定基础。

二、实验原理

出芽短梗霉细胞壁厚、孢子结构坚硬，传统的原生质体转化过程不仅操作复杂、效率低，还常导致菌株活性受损，限制了遗传改造与功能研究。

根癌农杆菌（*Agrobacterium tumefaciens*）介导的转化技术利用其天然的 T-DNA 转移系统，能将外源基因稳定整合到宿主基因组中。AGL-1 是常用的农杆菌实验菌株，遗传背景稳定，具有较强的基因转移能力。本实验构建的 pZPK-hph-Pgpd-GFP 质粒携带有左右边界（LB/RB）T-DNA border，其中包含潮霉素抗性基因（*hph*）和 Pgpd-GFP 表达框。在转化过程中，AGL-1 的 Vir 蛋白识别并切割 T-DNA border 区域，将其中片段高效转运至出芽短梗霉细胞内，并随机整合进其基因组，实现外源基因的稳定表达。

该方法的优势在于无需去除细胞壁即可导入基因，转化效率高，整合较为稳定。通过GFP的可视化表达，可以直接验证转化效果，并为出芽短梗霉的功能基因研究、代谢工程改造及高附加值产物的合成提供重要工具。

三、实验材料和仪器设备

1. 实验材料

具体内容见表6-3。

表6-3 实验材料

名称	规格与配方
A. tumefaciens（AGL-1-GFP）	在LB培养基（氨苄霉素Amp 50μg/mL＋卡那霉素Kan 50μg/mL）中培养与传代
A. pullulans 2696	甘油保藏株，PD液体培养基活化
LB培养基	农杆菌活化与过夜培养，加Amp 50μg/mL＋Kan 50μg/mL
PD液体培养基	出芽短梗霉活化用
PDA固体培养基	加头孢噻肟钠（Cef/Cefotaxime Sodium）300μg/mL＋潮霉素B（Hyg B）200μg/mL，用于筛选转化子
IM诱导培养基（液体）	200mL配方：2.5×混合盐缓冲液80mL，葡萄糖0.36g，甘油1mL，定容至192mL，pH 5.4；灭菌后无菌加入1mol/L MES（吗啉乙磺酸）8mL，200mmol/L AS（乙酰丁香酮）200μL。注：固体培养基加1.5%琼脂即可
2.5×混合盐缓冲液（1L）	1L配方：KH_2PO_4 3.625g、K_2HPO_4 5.125g、$MgSO_4 \cdot 7H_2O$ 1.250g、NaCl 0.375g、$CaCl_2 \cdot 2H_2O$ 0.165g、$FeSO_4 \cdot 7H_2O$ 0.0062g、$(NH_4)_2SO_4$ 1.250g
1mol/L MES（pH 5.4）	灭菌后无菌加入IM培养基
AS	200mmol/L母液；无菌加入至IM培养基，终浓度200μmol/L
Cef、潮霉素B	分别300μg/mL、200μg/mL，用于真菌转化子筛选
1mol/L山梨醇	200mL含36.434g山梨醇，用于共培养洗脱液（1.5～2mL/平皿）
常规耗材	无菌平板、无菌1.5mL离心管、涂布器、牙签等

2. 实验仪器设备

具体内容见表6-4。

表 6-4　实验仪器设备

名称	主要参数/用途
恒温摇床	28℃、220r/min（农杆菌诱导与过夜培养）
恒温培养箱	28℃（共培养、筛选转化子）
分光光度计	测定 OD_{600}（菌液浓度调整至 0.25）
台式离心机	4000×g、5000×g（菌体收集）
超净工作台	无菌操作
高压蒸汽灭菌锅	培养基及耗材灭菌
pH 计	调节 IM 培养基至 pH 5.4
移液器、吸头	常规移液操作
−80℃冰箱	菌株甘油保藏
其他	天平、无菌涂布器等常规实验室器材

四、实验步骤

1. 第一步：农杆菌 AGL-1-GFP 诱导准备

(1) 从含 Amp（50μg/mL）和 Kan（50μg/mL）的 LB 平板上挑取农杆菌 AGL-1-GFP 单菌落接种至 10mL 含相同抗生素的 LB 液体培养基中，于 28℃、220r/min 摇床培养 13～15h。

(2) 次日离心（4000×g，5min）收集菌体，弃上清，将菌体重悬于 5mL IM 液体培养基（含 Amp、Kan、200μmol/L AS、MES），并调整菌悬液至 $OD_{600}=0.25$。

(3) 置于 28℃、220r/min 摇床上继续诱导培养约 12h，直至后续使用。

2. 第二步：*A. pullulans* 2696 的孢子液制备

(1) 与农杆菌液体活化同步，从甘油保藏管接种 *A. pullulans* 2696 至 PD 液体培养基，28℃摇床培养约 18h。

(2) 次日取 1mL 过夜培养液，转接至新鲜 PD 液体培养基中，28℃摇床继续培养约 11h。

(3) 离心（5000×g，5min）收集菌体，用无菌水重悬并调整浓度至 1×10^6 个/mL，作为受体菌悬液。

3. 第三步：农杆菌与出芽短梗霉的共培养

(1) 分别取 100μL 农杆菌诱导液和 100μL *A. pullulans* 2696 孢子悬液，混合均匀。

（2）将混合液均匀涂布于 IM 固体平板上，28℃静置共培养 48h。

（3）在平板表面加入 1.5～2mL 1mol/L 山梨醇，用灭菌涂布棒充分刮洗，收集洗脱液。

4. 第四步：筛选与转化子获得

（1）将洗脱液均匀涂布于含 Cef（300μg/mL）和 HygB（200μg/mL）的 PDA 筛选平板。

（2）于 28℃培养 4～5d，直至出现抗性菌落（疑似转化子）。

5. 第五步：转化子传代、验证与保藏

（1）使用无菌牙签挑取疑似转化子菌落边缘，转移至新鲜抗性 PDA 平板上培养。

（2）至少传代 2 次，以确保菌株遗传背景稳定。

（3）PCR 验证后挑选阳性转化子接种至 PD 液体培养基中，获得菌丝后用荧光显微镜观察。

（4）对具备荧光信号的转化子进行固体培养获得无性孢子，25％甘油保种，命名为 AP-1-GFP，于－80℃长期保藏。

五、实验结果

1. 侵染盘菌落图

2. 菌落 PCR 验证图

3. 荧光显微镜观察图

六、思考题

1. 出芽短梗霉因其厚细胞壁和形态多样性，原生质体转化效率较低。请结合本实验，说明农杆菌介导转化为什么能够突破这一限制，并广泛应用于难以原生质体转化的真菌？

2. 在本实验中，筛选平板中添加了 Cef 和 Hyg B。请解释这两种抗生素分别作用的对象是什么？为什么两者的联合使用能够提高转化筛选的可靠性？

实验 21 荧光定量 PCR 检测 GFP 表达

一、实验目的

本实验旨在利用荧光定量 PCR（Quantitative Polymerase Chain Reaction，qPCR；qPCR 也常被称为实时 PCR/Real-Time PCR）检测并比较不同转化子（实验 20）中 GFP 基因在 mRNA 水平上的表达。由于外源基因 GFP 在出芽短梗霉基因组中随机整合，导致不同转化子中 GFP 可能呈现出差异化的表达量，单纯依靠荧光显微镜检测 GFP 荧光强度难以区分 GFP 表达。通过提取总 RNA、反转录为 cDNA，并使用 qPCR 定量检测 GFP 的转录水平，可以实现对多个转化子的表达强度进行精确比较。该方法有助于筛选出 GFP 高表达的优良转化子，为后续功能验证和代谢工程研究提供可靠的实验依据。

二、实验原理

qPCR 是一种通过实时监测荧光信号变化，对特定基因转录水平进行定量分析的分子生物学技术。本实验以实验 20 中获得的出芽短梗霉 GFP 转化子为检测对象，对不同转化子中 GFP 的 mRNA 表达量进行比较。实验首先需从出芽短梗霉转化子中提取总 RNA，并通过反转录（Reverse Transcription）合成互补 DNA（cDNA），作为后续荧光定量 PCR 的扩增模板。利用特异性引物扩增 GFP 基因片段，同时加入荧光染料（如 SYBR Green）进行检测。

SYBR Green 是一种常用的双链 DNA 结合荧光染料，其在游离状态下荧光极弱。当嵌入到 PCR 扩增产生的双链 DNA 小沟中时，分子内部的旋转自由度受到限制，非辐射能量衰减被抑制，从而显著增强荧光量子产率并发射强荧光。随着扩增循环进行，双链 DNA 数量增加，荧光信号同步增强，信号强度与 DNA 含量呈正比（图 6-3）。由于 SYBR Green 对所有双链 DNA（包括非特异扩增产物和引物二聚体）均有荧光增强作用，因此必须结合熔解曲线分析（Melting Curve Analysis）验证扩增特异性。在 qPCR 中，循环阈值（Cycle threshold，

C_t）是指荧光信号首次超过设定阈值时所对应的 PCR 循环数。C_t 值与初始模板丰度成反比：模板量越高，C_t 值越小；模板量越低，C_t 值越大。不同转化子间 GFP 表达量的高低，可通过比较其 C_t 值差异来反映。为了消除样品间 RNA 提取量及反转录效率差异的影响，本实验同时检测内参基因（如管家基因 *tubA*，编码微管蛋白亚基），作为表达量归一化的参考。通过计算 GFP 与内参基因 C_t 值差（ΔC_t），并与对照样品的 ΔC_t 值进行比较（$\Delta\Delta C_t$），可采用 $2^{-\Delta\Delta C_t}$ 法对不同转化子 GFP 的相对表达水平进行定量分析。

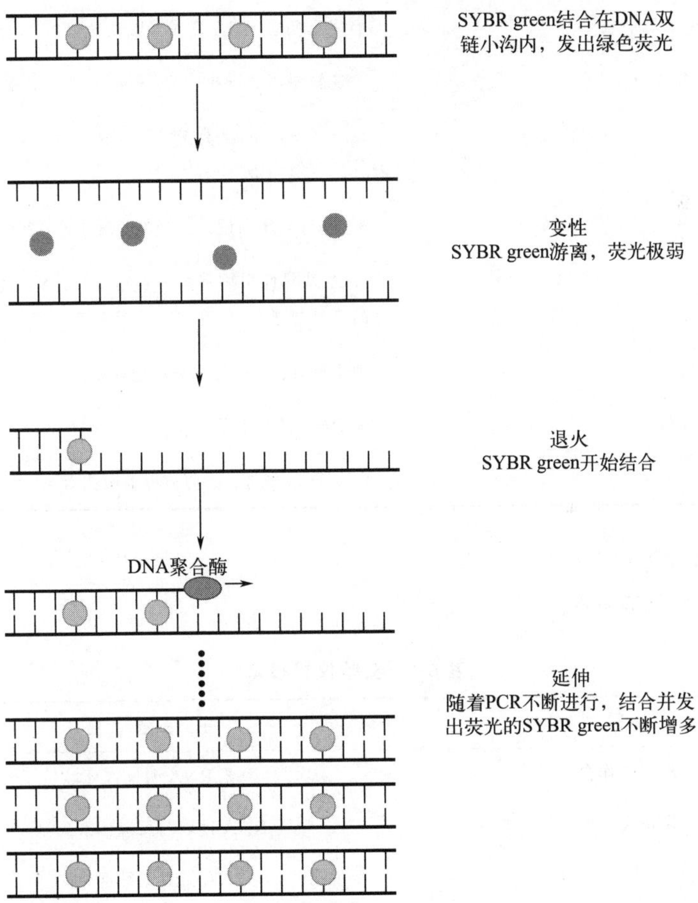

图 6-3　SYBR Green 法 qPCR 原理图

通过该方法，可以精准比较多个转化子中 GFP 的表达强弱，克服单纯荧光显微镜观察的主观性和不准确性，从而筛选出 GFP 高表达的优良转化子。这不仅为 GFP 功能验证提供可靠工具，也为出芽短梗霉的基因功能研究和代谢工程改造奠定实验基础。

三、实验材料和仪器设备

1. 实验材料

具体内容见表 6-5。

表 6-5　实验材料

名称	规格与配方
出芽短梗霉 GFP 转化子 AP-GFP-1/2/3（3 株）、*A. pullulans*（WT，野生型）	PDA 平板上培养获得的 5 个独立转化株
RNA 柱式提取试剂盒	商用真菌总 RNA 柱式提取试剂盒
反转录试剂盒	含逆转录酶、随机引物/oligo（dT）引物
qPCR 预混液	SYBR Green 荧光定量 PCR 预混液，含 Taq 酶、dNTPs、缓冲液
GFP 特异性引物	根据 GFP 序列设计（产物长度 100～200bp）
内参基因引物	*tubA* 特异性引物（作为表达量校正），其中一条需要跨两个外显子
无 RNA 酶水	用于稀释 RNA 与配制反应体系
DEPC 处理耗材	无 RNA 酶离心管、枪头等
常规耗材	PCR 管、冰盒、无菌移液器吸头等

2. 实验仪器设备

具体内容见表 6-6。

表 6-6　实验仪器设备

名称	主要参数/用途
超净工作台	无 RNA 酶操作环境
微量离心机	RNA 提取与反应体系配制
分光光度计/ NanoDrop	RNA 浓度与纯度检测
PCR 仪	反转录反应
荧光定量 PCR 仪	实时荧光监测，C_t 值测定
－80℃冰箱	RNA 与菌株保藏
常规实验器材	移液器、恒温金属浴、冰盒等

四、实验步骤

1. 第一步：样品制备（菌丝获取→液氮研磨）

（1）菌株培养　将 AP-GFP1、AP-GFP2、AP-GFP3（3 株转化子）与 WT（*A. pullulans* 2696）分别接入 100mL PD 液体培养基（250mL 三角瓶）中，28℃、220r/min 振荡 36～48h。

提示：保持起始接种量一致（如 1×10^6 孢子/mL 或同体积预培养液），避免生长阶段差异。

（2）菌丝收集与洗涤　4℃，5000×*g*，5min 离心，弃上清；加入 10mL 无菌冷 DEPC 处理水轻轻重悬，重复离心一次去残留多糖与培养基成分；沥干后称取湿重约 100mg 菌丝/样品。

（3）液氮研磨　预冷研钵研杵，菌丝迅速投入液氮中完全冻脆，快速研磨成细粉。

提示：全程戴一次性口罩与新手套，接触面用 RNase 去除剂擦拭；操作≤15min。

2. 第二步：总 RNA 提取与质控

（1）RNA 提取　参照“真菌总 RNA 柱式提取试剂盒”说明操作（含强力裂解与多糖/多酚去除）；裂解后建议加入 *β*-巯基乙醇（如 1%）增强 RNase 抑制效果。本实验以 Sangon Biotech 公司柱式真菌总 RNA 抽提纯化试剂盒（NO. B518659）为例简述真菌提取过程，如下：向 1.5mL 无核酸酶离心管中预先加入 450μL 缓冲液 Rlysis-FG（真菌专用裂解液，含有去除多糖的成分，并可快速裂解细胞、灭活 RNase），加入研磨后的样品 25mg，立即混匀，在室温下放置 5min；以 12000r/min、4℃离心 3min，将上清移至新 1.5mL 无核酸酶离心管；向上清中加入 1/2 体积无水乙醇（约 225μL），混匀（乙醇可促进 RNA 在硅胶膜上结合）；将混合液转移至 RNA 吸附柱（硅胶膜结构，可选择性结合 RNA 分子），室温静置 1min，12000r/min 离心 1min，弃废液；向吸附柱中加入 500μL GT 溶液（高盐洗涤液，含盐和乙醇，用于去除蛋白质、多糖及其他杂质），室温静置 1min，10000r/min 离心 1min，弃废液；向吸附柱中加入 500μL NT 溶液（低盐洗涤液，含乙醇，用于进一步清除盐分和有机杂质），室温静置 1min，10000r/min 离心 1min，弃废液；将吸附柱重新放回收集管中，12000r/min 离心 2min，并于室温晾干数分钟，以确保彻底去除乙醇（残余乙醇会抑制下游酶反应）；将吸附柱置于干净的无核酸酶 1.5mL 离心管中，在膜中央加入 30～50μL DEPC-treated ddH$_2$O（经 DEPC 处理的无 RNA 酶水，用于溶解并洗脱 RNA），静置 2min，12000r/min 离心 2min，收集 RNA 溶液；提取的 RNA 如立即使用则存于冰上，否则建议－70℃保存，或溶解于 RNA 保存液中，以防降解。

（2）RNA 纯度与浓度　NanoDrop 测定，需 $A_{260}/A_{280}=1.8\sim2.1$；

$A_{260}/A_{230}\geqslant 2.0$ 为佳。RNA 置－80℃保存待用，避免冻融循环。

3. 第三步：cDNA 合成

本实验以诺唯赞公司试剂盒“HiScript IV 1st Strand cDNA Synthesis Kit（＋gDNA Wiper）”为例进行 cDNA 合成，具体过程如下：

（1）基因组 DNA 去除　见表 6-7。

表 6-7　基因组 DNA 去除反应体系

组分	体积
无核酸酶 ddH_2O	补至 10μL
5 ×gDNA 清除预混液	2μL
总 RNA	0.5μg

使用无核酸酶耗材配制上述反应体系，用移液器轻轻吹打混匀，42℃反应 2min。

（2）合成第一链 cDNA 反应液　见表 6-8。

表 6-8　第一链 cDNA 合成体系

组分	体积
上一步的混合液	10μL
4 ×HiScript Ⅱ RT SuperMix（含逆转录酶）	5μL
Oligo $(dT)_{23}$VN	1μL
随机引物	2μL
无核酸酶 ddH_2O	2μL

配制上述反应体系，用移液器轻轻吹打混匀，先 37℃ 15min 合成，再 85℃ 5s 终止反应。

4. 第四步：设计 *tubA* 和 GFP 的 qPCR 引物

（1）*A. pullulans tubA* 基因按照如下程序获得：首先，在 FungiDB 下载构巢曲霉 *tubA* 蛋白质序列。然后进入 NCBI BLASTP，将该蛋白序列粘贴到“Enter Query Sequence”栏中，并在“Organism”栏输入 *A. pullulans*，点击 Search 开始比对。在结果中找到 *A. pullulans* 的 *tubA* 蛋白，进入其 Sequence ID 页面，再点击 Identical Proteins，并在其中选择 CDS Region in Nucleotide，即可获得 *A. pullulans* 的 *tubA* 基因 DNA 序列（包含外显子和内含子信息）。GFP 序列请从化工教育平台下载。

(2) 引物 qPCR 引物设计要点

① 扩增片段长度：控制在 100～200bp。

② 引物长度：一般 20～25nt。

③ GC 含量：保持在 40%～60%范围内。

④ 3′端设计：避免连续高 GC 或高 AT 区域；最后一个碱基宜为 G 或 C，避免使用 T。

⑤ T_m 值匹配：正反向引物的 T_m 值差异应≤2℃。

⑥ 跨外显子设计：至少一条引物跨越两个外显子，以避免基因组 DNA 残留被扩增。

⑦ 按照上述要点为 GFP 和 *tubA* 设计出对应的 F/R 引物对。

5. 第五步：配制反应体系进行 qPCR 扩增

根据实验室所具有的荧光定量 PCR 仪型号，选择对应的 qPCR 试剂。本实验选择诺唯赞 Taq Pro Universal SYBR qPCR Master Mix 进行 qPCR：

(1) 在 qPCR 管中配制表 6-9 中混合液

表 6-9 qPCR 体系

组分	体积
2 ×Taq Pro Universal SYBR qPCR 预混液	10.0μL
引物 1 (10μmol/L)	0.4μL
引物 2 (10μmol/L)	0.4μL
Template cDNA (稀释 20 倍后使用)	1μL
ddH_2O	To 20.0μL

按照如上配方进行加样，每个样品 3 个平行重复，可以先将除模板以外的成分（以“引物”分组）预混后分装到对应的 qPCR 八连管，然后再加入 1μL 模板。

(2) 按表 6-10 条件进行 qPCR 反应

表 6-10 qPCR 反应运行条件

Stage	步骤名称	循环次数	条件	时间
1	预变性	1	95℃	30s
2	循环反应	40	95℃	3～10s
			60℃	10～30s
3	熔解曲线		使用仪器默认程序	

6. 第六步：数据处理（含计算示例与报告模板）

(1) 判断溶解曲线　为确认扩增产物的特异性，排除非特异性扩增或引物二聚体的干扰。首先打开 qPCR 仪软件中的 Melt Curve（溶解曲线）图；检查曲线是否仅有一个尖锐的、单一峰值；若出现多个峰值或拖尾，提示有非特异性扩增或引物二聚体。此时需优化引物设计或反应条件。

(2) 阈值循环数（C_t 值）获取　软件会自动给出各样品的 C_t（Cycle Threshold）值，即荧光信号首次超过背景阈值的循环数。C_t 值特点：起始模板量越多（基因表达量越高），C_t 值越小；反之则越大。

(3) 计算示例（$2^{-\Delta\Delta C_t}$ 法）　见表 6-11。

表 6-11　$2^{-\Delta\Delta C_t}$ 计算举例

样品	C_t (GFP)	C_t (tubA)	ΔC_t = C_t (GFP) − C_t (tubA)	$\Delta\Delta C_t$ = ΔC_t（实验组）− ΔC_t（对照组）	相对表达量 = $2^{-\Delta\Delta C_t}$
对照组	25.0	20.0	5.0	—	—
实验组	23.0	20.5	2.5	−2.5	$2^{2.5} \approx 5.66$

说明：以上数 C_t 均为均值。ΔC_t 用于校正样品间差异（目标基因 C_t 减去内参 C_t）。$\Delta\Delta C_t$ 以对照组 ΔC_t 作为基准，实验组减去对照组。相对表达量 = $2^{-\Delta\Delta C_t}$，表示实验组中 GFP 相对于对照组的表达倍数。

五、实验结果

1. 各菌株样品的 RNA 指标数据（浓度、A_{260}/A_{280}、A_{260}/A_{230}）

2. qPCR 结果

qPCR 结果见表 6-12。

表 6-12　qPCR 结果记录/计算表

样品编号	GFP C_t 值	tubA C_t 值	ΔC_t [C_t (GFP) − C_t (tubA)]	$\Delta\Delta C_t$	相对表达量 ($2^{-\Delta\Delta C_t}$)
对照组					
实验组 1					
实验组 2					
实验组 3					

六、思考题

1. C_t 值的定义是什么？C_t 值的大小与目标基因初始模板量之间有何关系？

2. SYBR Green 荧光染料增强荧光的分子机理是什么？为什么在 qPCR 中需要结合熔解曲线分析？

3. 在比较不同转化子 GFP 表达量时，为什么需要引入内参基因（如 *tubA*）？如果不用内参，可能会产生什么误差？

4. 请解释 ΔC_t、$\Delta\Delta C_t$ 与 $2^{-\Delta\Delta C_t}$ 的计算过程和意义，并说明为什么要选择 WT 作为对照样。

5. 因为 WT 中没有转入 GFP，因此本实验中以 WT 作为对照是否不妥？若不合适，应该选择谁作为对照？

6. 如果熔解曲线出现多个峰，该如何判断问题原因？应采取哪些措施优化实验？

第七章

RNA 干扰技术在真菌中的应用

实验 22 RNA 干扰介导丝状真菌基因低表达

一、实验目的

本实验旨在掌握 RNA 干扰（RNA interference，RNAi）技术在丝状真菌中的基本应用方法，理解其在基因功能研究与代谢调控中的作用。RNAi 通过引入特定的双链 RNA 片段（dsRNA），触发细胞内的沉默机制，从而实现目标基因的转录后沉默或低水平表达。在功能基因组学研究中，某些基因属于必需基因，若直接敲除会导致细胞死亡或严重生长缺陷，因此无法采用传统的基因敲除策略；此时通过 RNAi 实现部分沉默，使基因表达水平下降而不完全丧失功能，便成为研究其生物学作用的有效手段。同时，在合成生物学和代谢工程领域中，往往需要通过下调部分基因的表达来削弱竞争代谢支路或调控代谢流分配，从而促进目标产物的高效合成和积累。因此，本实验不仅有助于理解 RNAi 在真菌分子生物学研究中的独特优势，也为今后开展代谢工程改造和真菌细胞工厂的构建提供重要技术支持。

二、实验原理

RNAi 是一种由双链 RNA 介导的基因沉默机制，在真菌中已被广泛应用于基因功能研究与代谢工程改造。当外源或内源产生的双链 RNA 与目标基因的 mRNA 具有同源性时，细胞会启动转录后沉默途径，从而降低该基因的表达水平。由于丝状真菌中基因敲除效率较低，且某些必需基因无法完全删除，RNAi 成为一种灵活有效的替代策略。RNAi 载体的设计通常采用含有部分目的基因编码序列的反向重复片段（inverted repeats），并在两段反向重复片段之间插入一个连接桥序列（如 GFP 片段、内含子或其他无功能 DNA），转录后即可形成发夹状 RNA（hairpin RNA，hpRNA）。这一 hpRNA 在细胞内首先被剪切酶识别并切割为 20～25 个碱基对的小干扰 RNA（siRNA）；随后，siRNA 双链解开，其中一条反义链被装载到 RNA 诱导的沉默复合物（RISC）中，成为识别目标 mRNA 的“向导”序列。活化的 RISC 复合物在细胞质中寻找并结合与 siRNA 反义链互补的 mRNA，并通过其内切酶活性将 mRNA 切割降解（图 7-1）。被降解的 mRNA 无法再作为蛋白合成模板，最终导致目标基因的蛋白表达显著降低或缺失。通过该方式，研究者不仅能够在不破坏必需基因的前提下分析其功能，还能在合成生物学和代谢工程研究中，通过下调竞争代谢途径的基因表达来优化代谢流，从而促进目标产物的高效合成与积累。

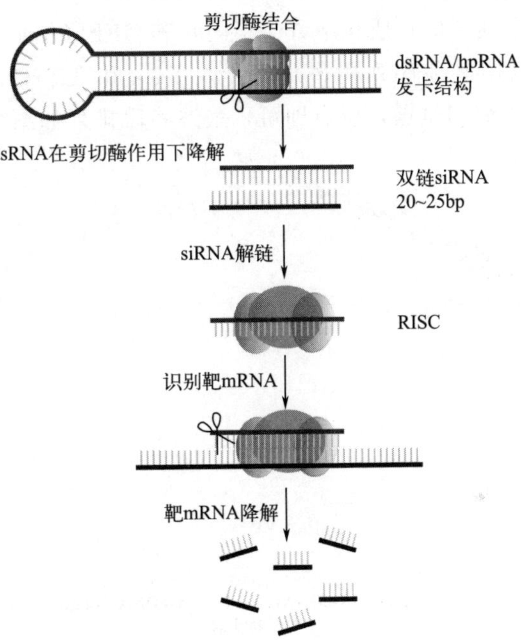

图 7-1　RNAi 机制简图

三、实验材料和仪器设备

具体内容见表 7-1。

表 7-1　实验材料和仪器设备

材料	仪器设备
Δ*pyrG*（*pyrG* 缺陷株）	质粒构建所需仪器
p-zero-pyrG-Pgla-TtprC 质粒载体、p-zero-Pgpd-GFP 质粒、黑曲霉基因组	黑曲霉转化所需仪器
Golden-gate 技术所用试剂与耗材	

四、实验步骤

1. 第一步：质粒构建

为了在黑曲霉Δ*pyrG* 中测试 RNAi 技术，我们选择 *brlA* 基因作为靶点（Δ*brlA* 具备白化和不育表型）。本实验参考烟曲霉中 RNAi 干扰策略，选择黑曲霉 ASPNIDRAFT2 _ 1166799（编码葡糖淀粉酶 Glucoamylase）的启动子（Pgla，1200bp）表达发卡 RNA，使用构巢曲霉 *trpC* 基因的终止子（TtprC，360bp）序列终止反应。实验材料中已经配备 p-zero-pyrG-Pgla-TtprC 载体，只需将打靶 *brlA* 编码序列部分 cDNA 的反向重复序列（两个序列，即 brlA-cDNA-1/2，为相同序列，但在质粒中方向不同）和 GFP（位于 *brlA* 反向重复序列之间，GFP 也可以用其他序列代替）整合入 Pgla 和 TtprC 之间的 *Xba* Ⅰ 酶切（载体中独一无二的酶切位点）位点即可，最终各段排列如图 7-2 所示。

图 7-2　pyrG-Pgla-brlA-cDNA-1-GFP-brlA-cDNA-2-TtprC 排布图

根据化工教育平台提供的 DNA 序列按照 Golden Gate 一步克隆技术设计引

物扩增 brlA-cDNA-1/2、GFP 序列，并一步组装进 p-zero-pyrG-Pgla-TtprC。在此建议选择 *brlA* 基因的第二个外显子内的 500bp 作为打靶序列。将构建好的质粒命名为 p-zero-pyrG-Pgla-brlA-cDNA-1-GFP-brlA-cDNA-2-TtprC。

RNAi 打靶序列设计原则如下：通常选择 200～500 个碱基的 mRNA 序列作为打靶序列。这个长度通常足够特异性地靶向目标基因，同时能有效地诱导沉默；选择外显子的序列（编码区）作为打靶序列，因为它们具有较高的转录活性，且可以确保 mRNA 被有效降解；避免选择基因组中高度重复的序列，这样可以减少脱靶效应；理想的打靶序列应该具有适中的 GC 含量（40%～60%），以确保良好的二级结构和 RNA 稳定性。

2. 第二步：曲霉转化

将 p-zero-pyrG-Pgla-brlA-cDNA-1-GFP-brlA-cDNA-2-TtprC 按照 PEG 介导的原生质体转化技术（参照实验 2 和 3）导入Δ*pyrG*。

3. 第三步：菌株验证

选择表型接近Δ*brlA* 的转化子进行 *brlA* 的 mRNA 水平（qPCR）测定。

五、实验结果

1. 叙述质粒构建思路，罗列引物以及绘制基因图谱

2. 转化盘图

3. qPCR 测定 *brlA* 表达结果

六、思考题

1. 为什么通常选择 200～500 个碱基的 mRNA 序列作为 RNAi 打靶序列？过长和过短会有什么影响？

2. 为什么外显子区域比内含子区域更适合作为靶序列？

3. RNAi 干扰技术的优缺点有哪些？

参考文献

[1] DOUDNA J A, CHARPENTIER E. The new frontier of genome engineering with CRISPR-Cas9 [J]. Science, 2014, 346 (6213): 1258096.

[2] FU Y F, SANDER J D, REYON D, et al. Improving CRISPR-Cas nuclease specificity using truncated guide RNAs [J]. Nature Biotechnology, 2014, 32 (3): 279-284.

[3] ZHANG C, LU L. Precise and Efficient In-Frame Integration of an Exogenous GFP Tag in *Aspergillus fumigatus* by a CRISPR System [M]. Berlin: Springer, 2017, 1625: 249-258.

[4] WU X Y, ZHANG T T, ZHANG K, et al. The forced activation of asexual conidiation in simplifies bioproduction [J]. Synthetic and Systems Biotechnology, 2024, 9 (2): 277-284.

[5] ZHANG C, MENG X H, WEI X L. Highly efficient CRISPR mutagenesis by microhomology-mediated end joining in *Aspergillus fumigatus* [J]. Fungal Genetics and Biology, 2016, 86: 47-57.

[6] BANNO S, NISHIDA K, ARAZOE T, et al. Deaminase-mediated multiplex genome editing in *Escherichia coli* [J]. Nature Microbiology, 2018, 3 (4): 423-429.

[7] LIANG Y H, XIE J K, ZHANG Q J, et al. AGBE: a dual deaminase-mediated base editor by fusing CGBE with ABE for creating a saturated mutant population with multiple editing patterns [J]. Nucleic Acids Research, 2022, 50 (9): 5384-5399.

[8] GAO S L, HAN L N, ZHU L, et al. One-step integration of multiple genes into the oleaginous yeast [J]. Biotechnology Letters, 2014, 36 (12): 2523-2528.

[9] HUANG P W, XU Y S, SUN X M, et al. Development of an Efficient Gene Editing Tool in *Schizochytrium* sp. and Improving Its Lipid and Terpenoid Biosynthesis [J]. Frontiers in Nutrition, 2021 (8): 795651.

[10] MOUYNA I, HENRY C, DOERING T L, et al. Gene silencing with RNA interference in the human pathogenic fungus [J]. FEMS Microbiology Letters, 2004, 237 (2): 317-324.

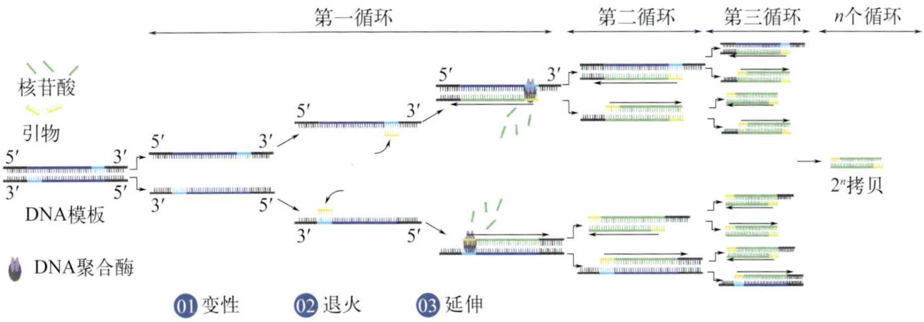

图 1-1　PCR 原理示意图

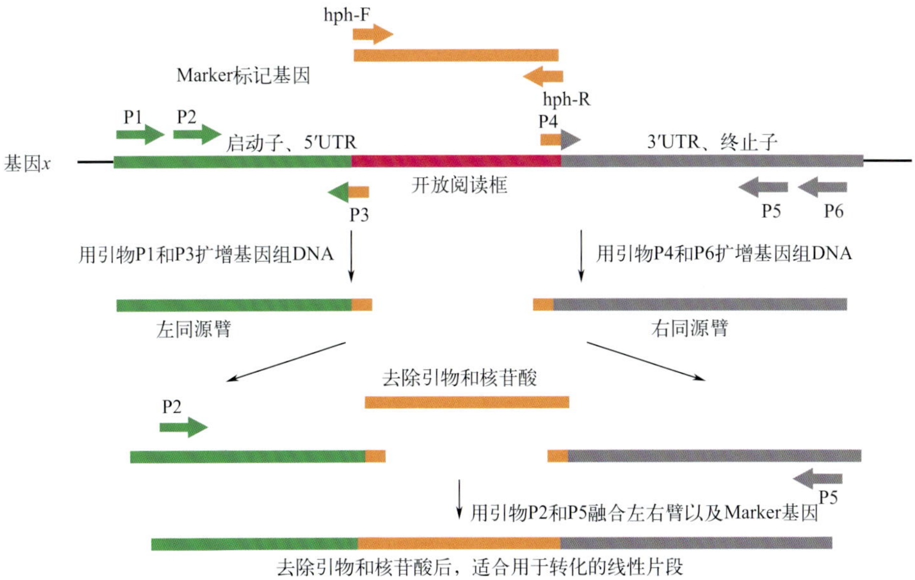

图 1-2　巢式 PCR 和融合 PCR 原理图

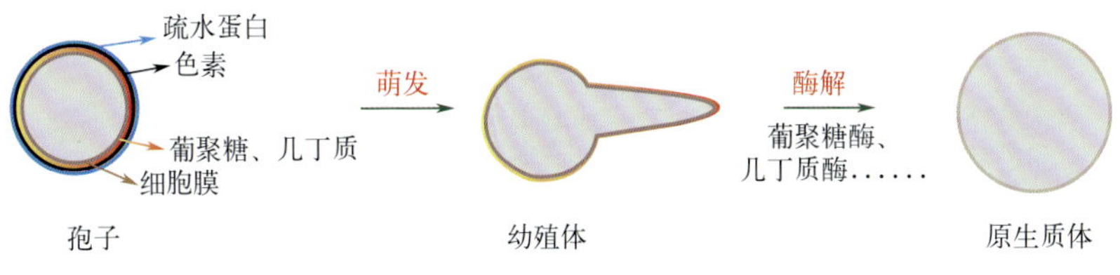

图 1-5　丝状真菌孢子萌发后被酶解成为原生质体

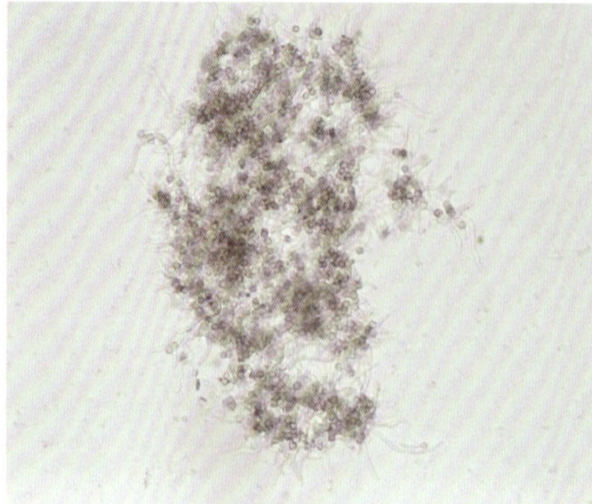

图 1-6　黑曲霉萌发生长菌丝图

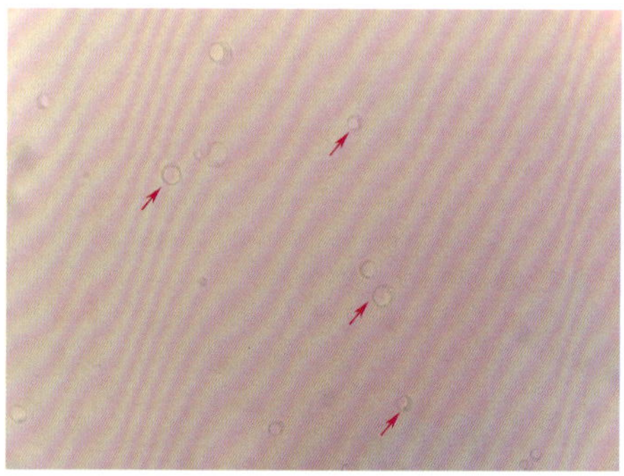

图 1-7　原生质体图

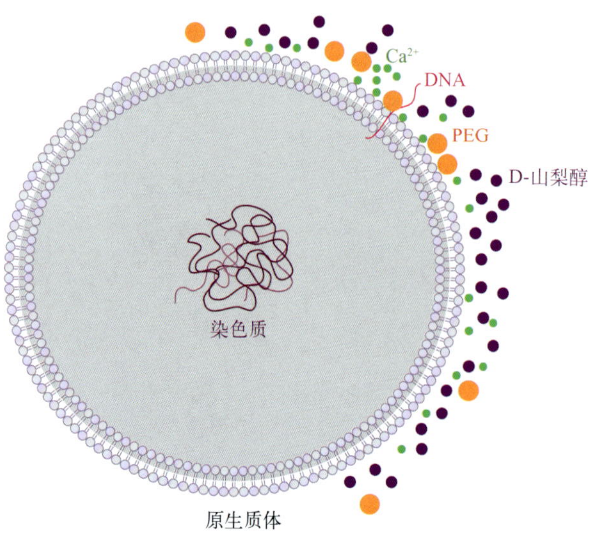

图 1-9　丝状真菌原生质体转化图

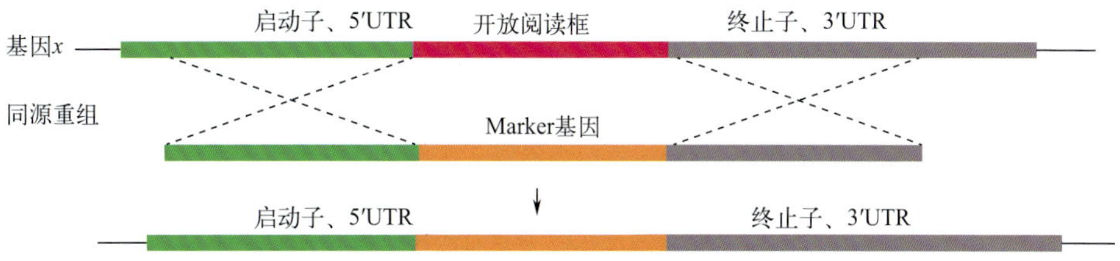

图 1-10　同源重组敲除基因示意图

图 1-11　诊断引物设计示意图

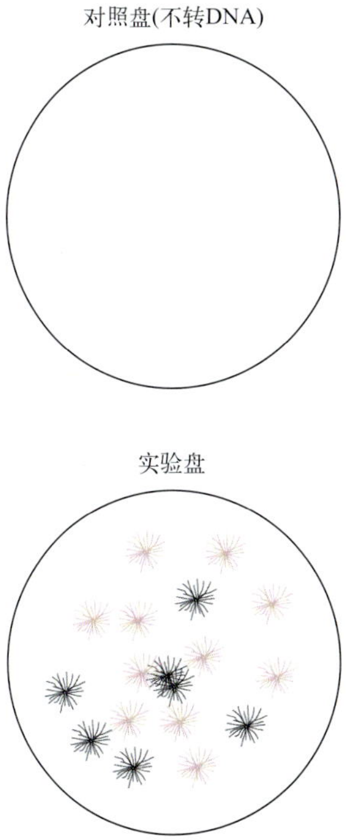

图 1-12　转化平板示意图

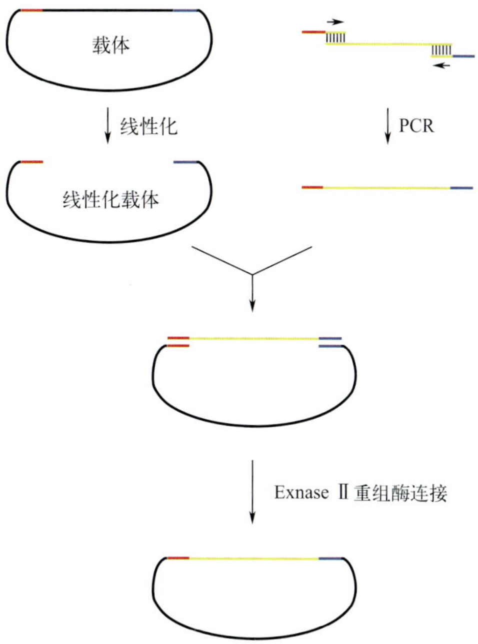

图 2-1　Gibson 组装技术示意图

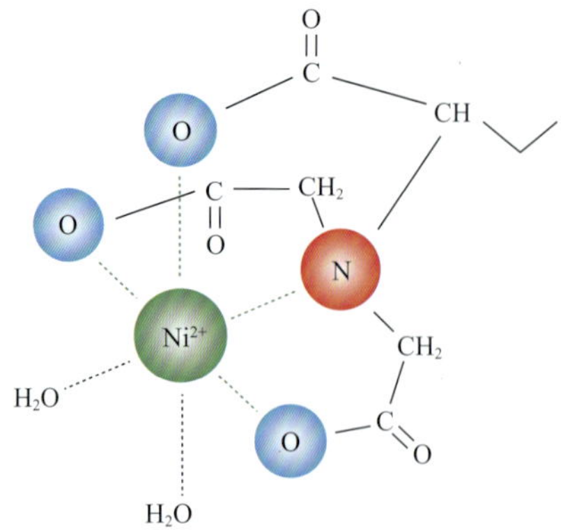

图 2-2　Ni^{2+}-NTA 结构示意图

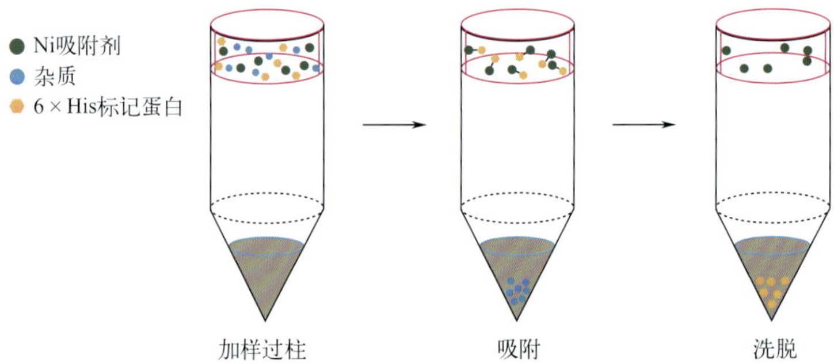

图 2-3　His 标签蛋白纯化原理示意图

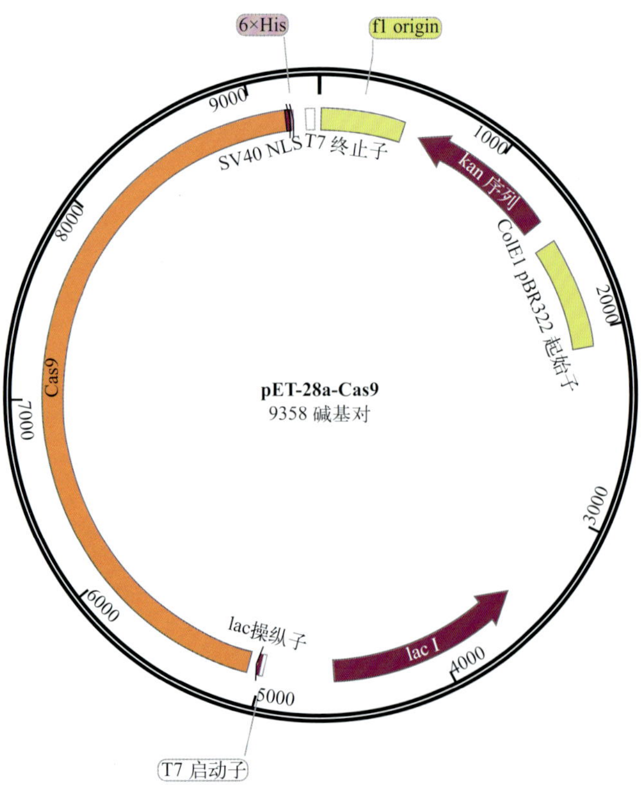

图 2-4　pET-28a-Cas9 质粒图谱

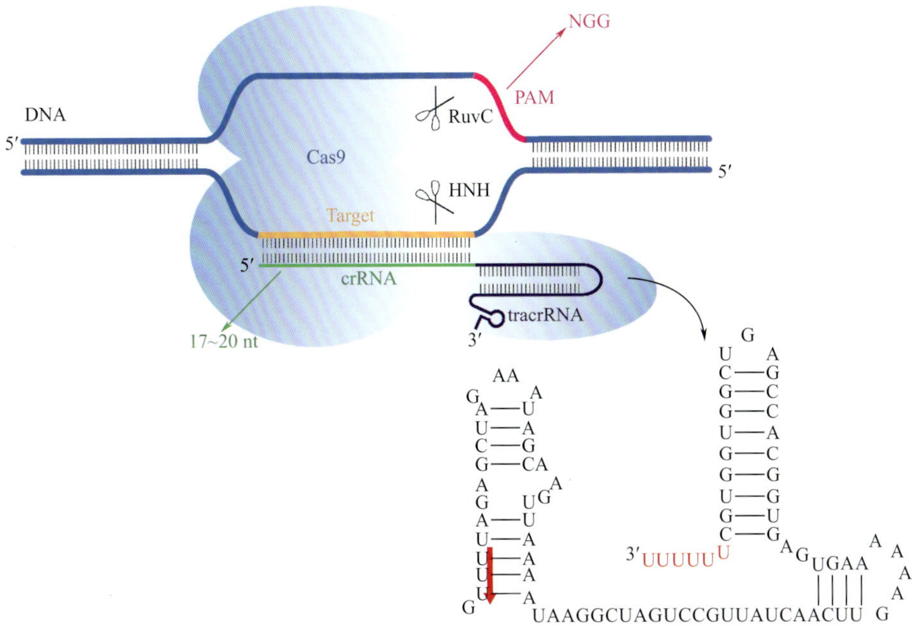

图 2-5　CRISPR-Cas9 工作原理示意图

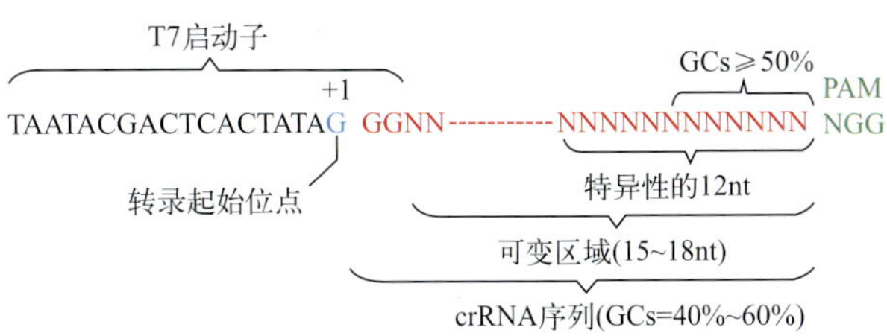

图 2-6　sgRNA 设计规则示意图

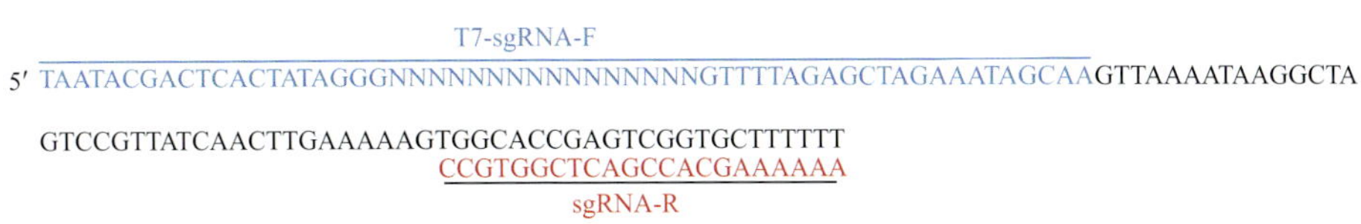

图 2-7　上游引物 T7-sgRNA-F 和下游引物 sgRNA-R 的示意图

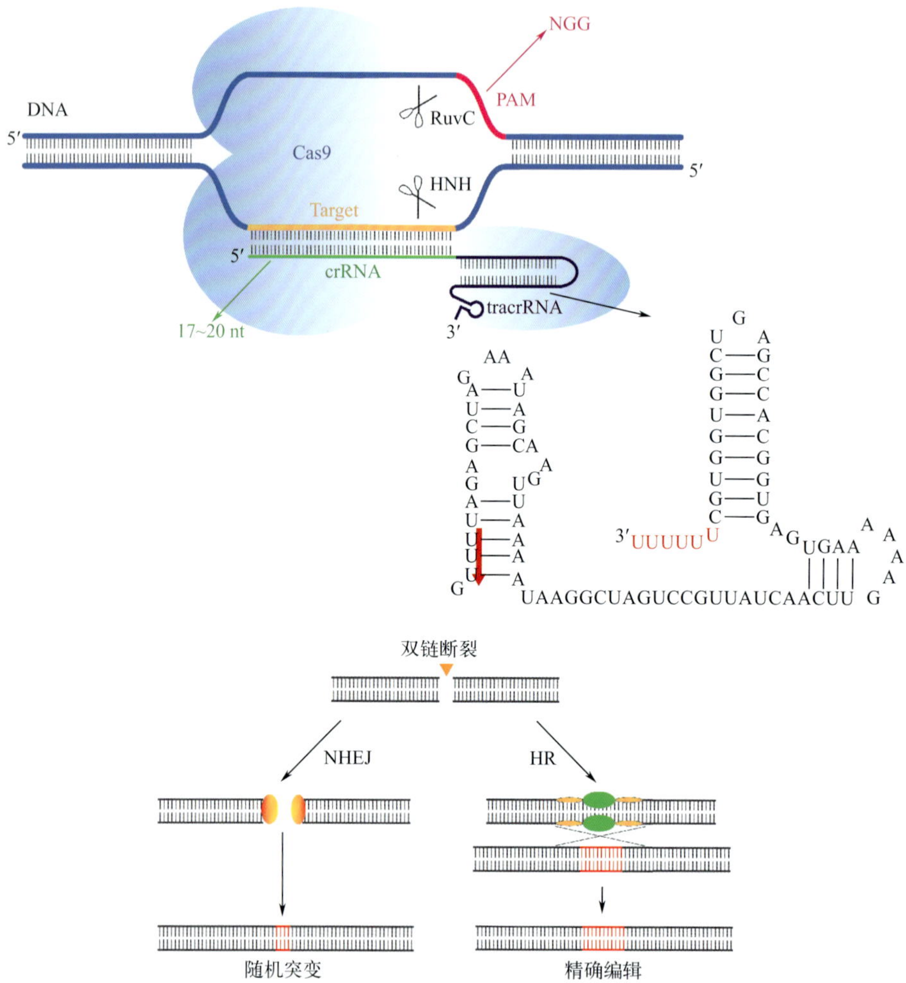

图 3-1　NHEJ 和 HR 途径修复 CRISPR-Cas9 体系引起的 DSB

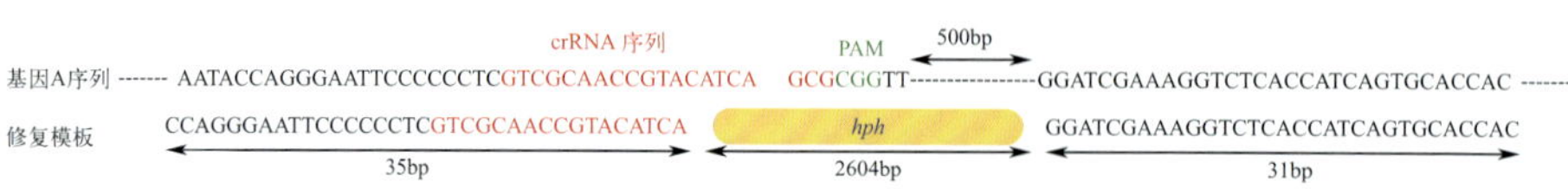

图 3-2　*hph* 修复模板举例示意图

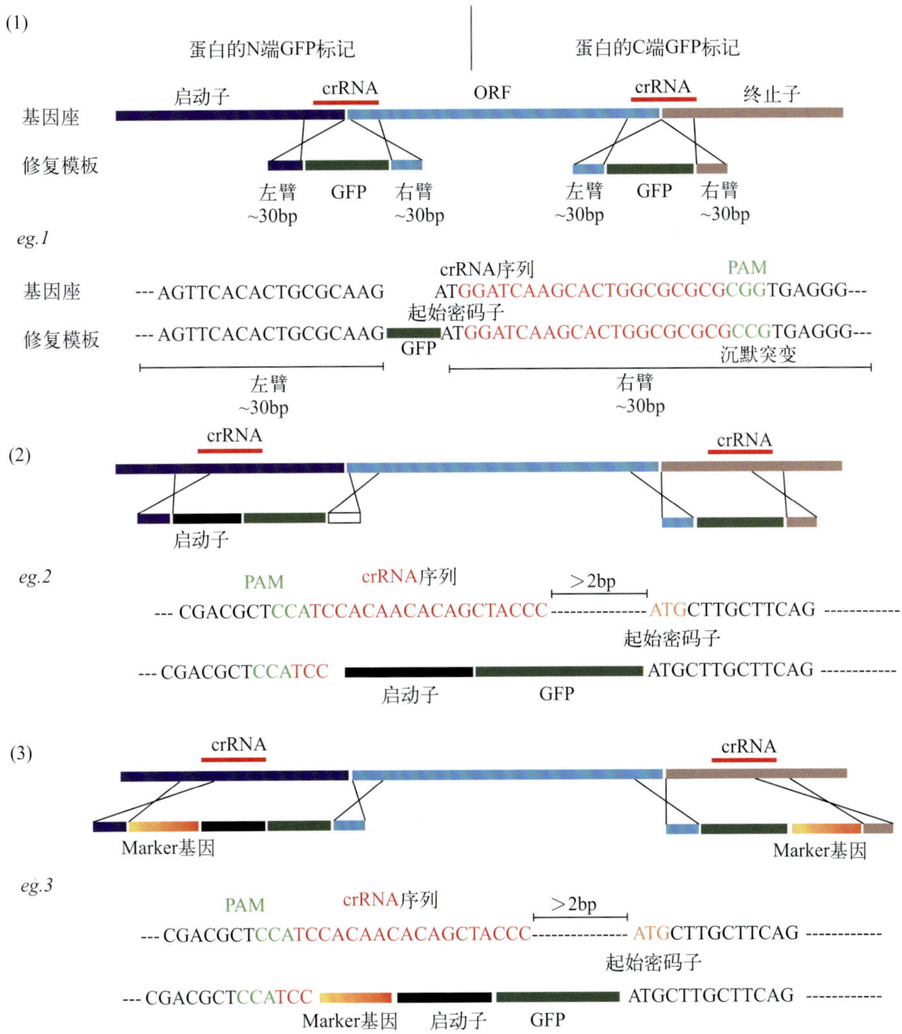

图 3-3　CRISPR-Cas9 介导 GFP 标记目的基因设计示意图

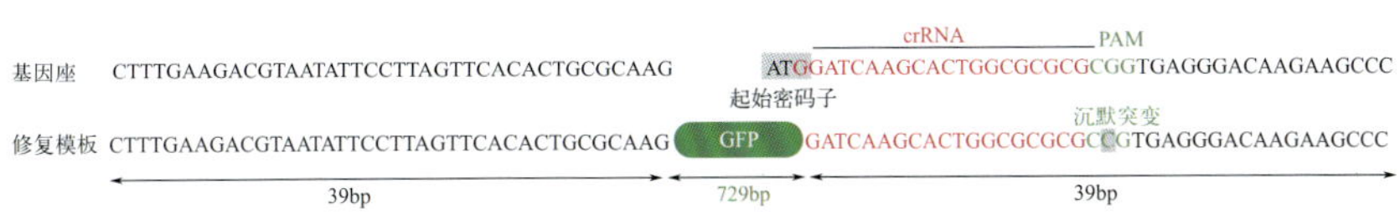

图 3-4　GFP 修复模板举例示意图

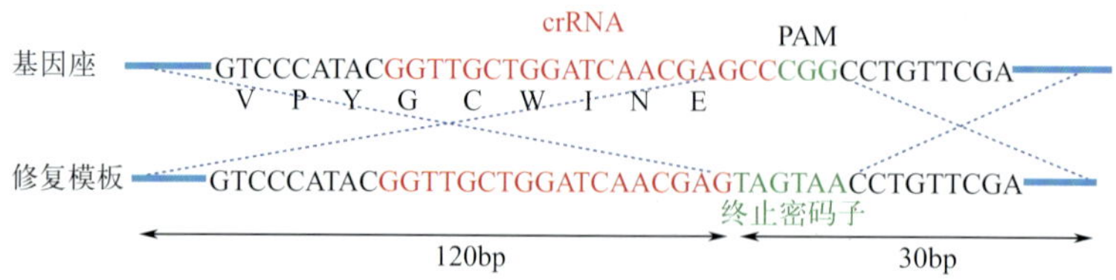

图 3-5　点突变修复模板示意图

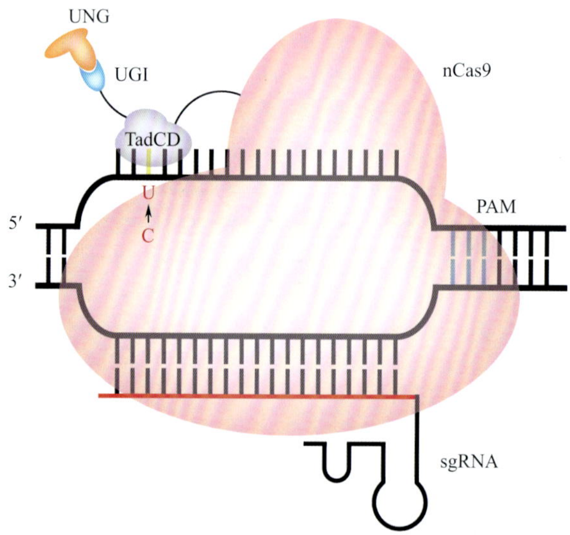

图 4-1　CRISPR-Cas 碱基编辑器原理示意图

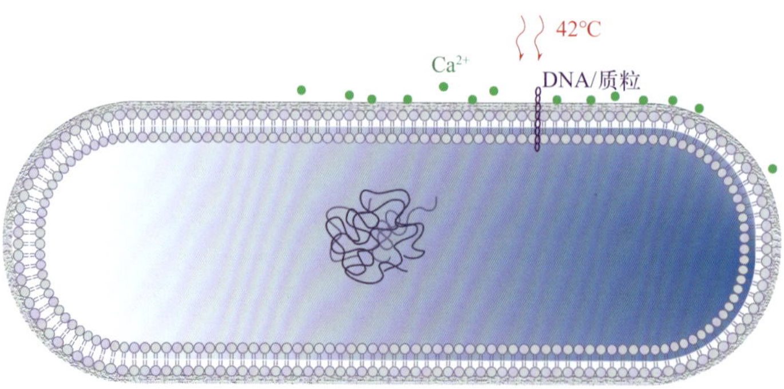

图 4-2　大肠杆菌化转原理示意图

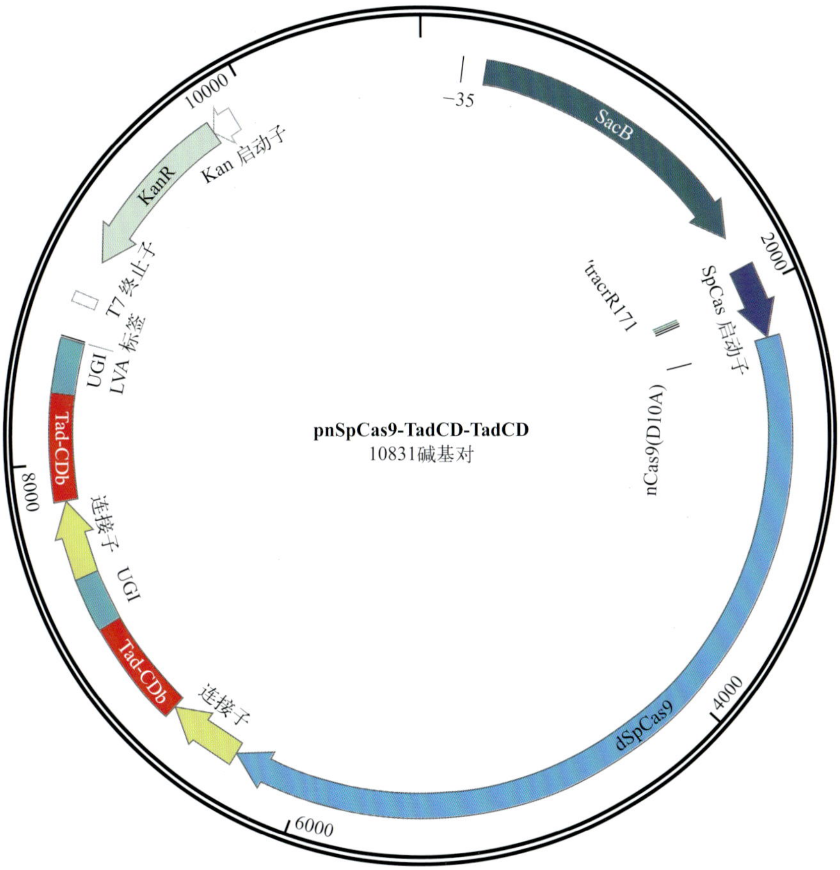

图 4-3　pnSpCas9-TadCD-TadCD

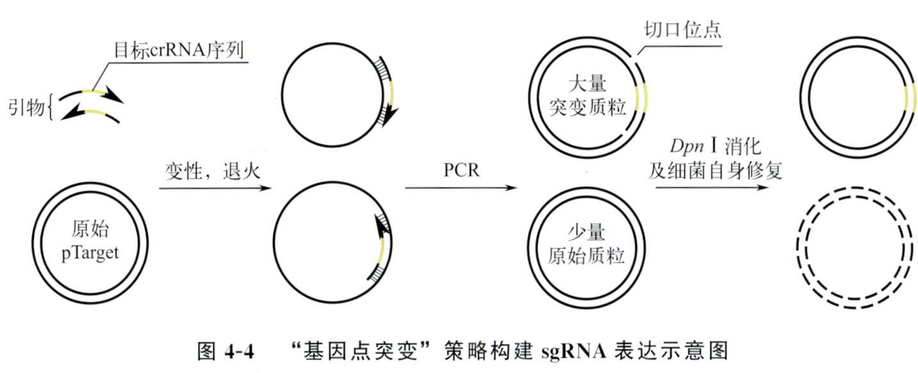

图 4-4　“基因点突变”策略构建 sgRNA 表达示意图

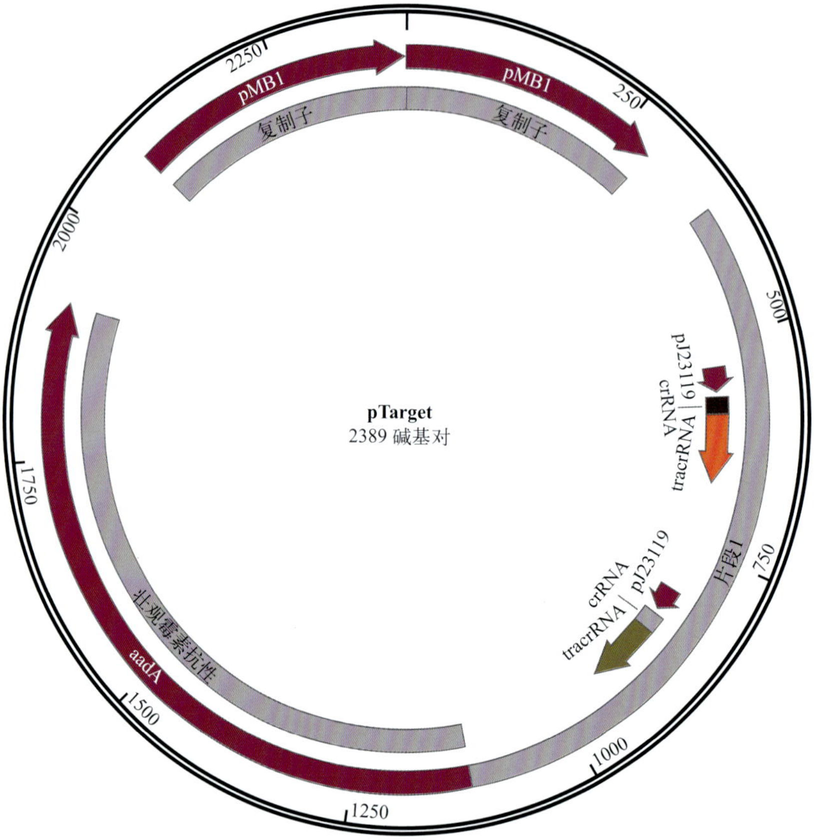

图 4-5　pTarget 质粒图谱示意图

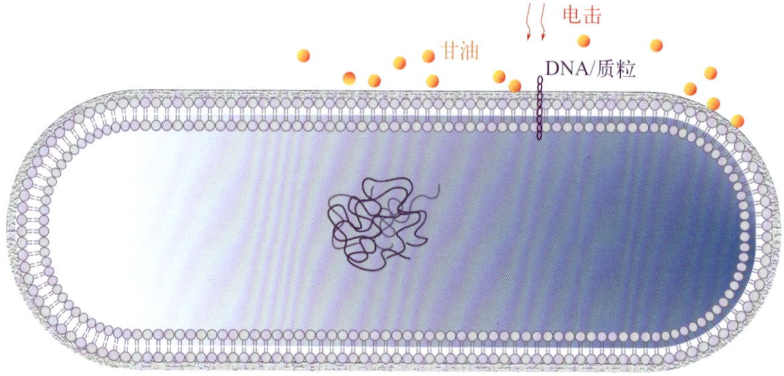

图 4-6　大肠杆菌电转化原理示意图

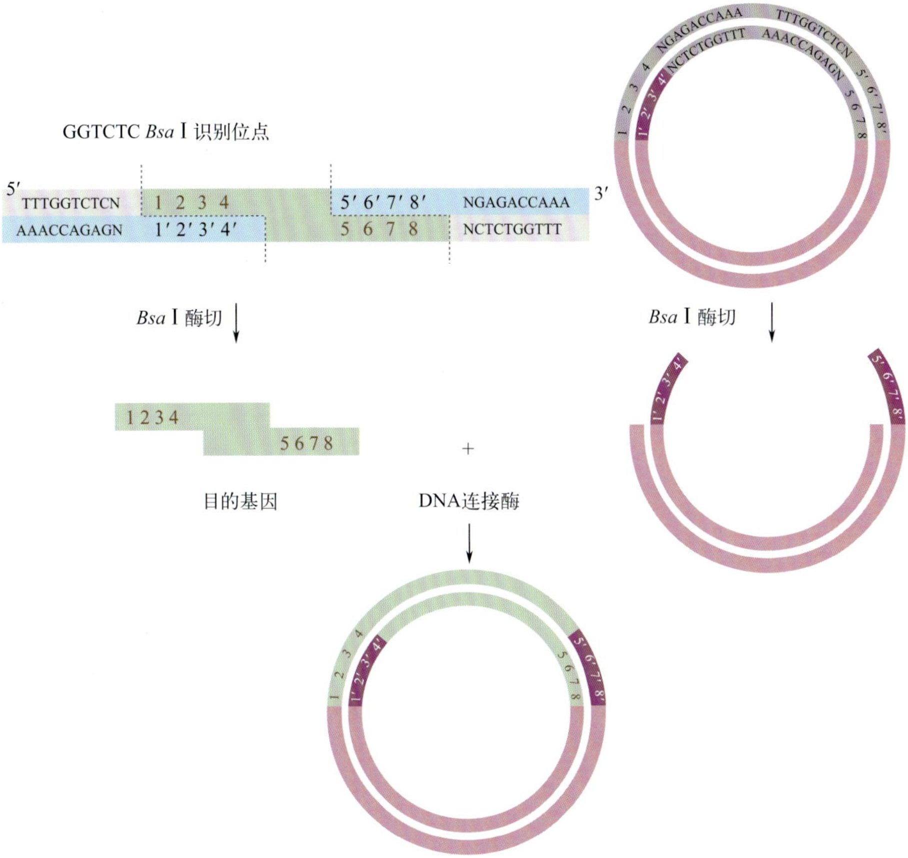

图 5-1　Golden Gate 一步克隆技术工作示意图

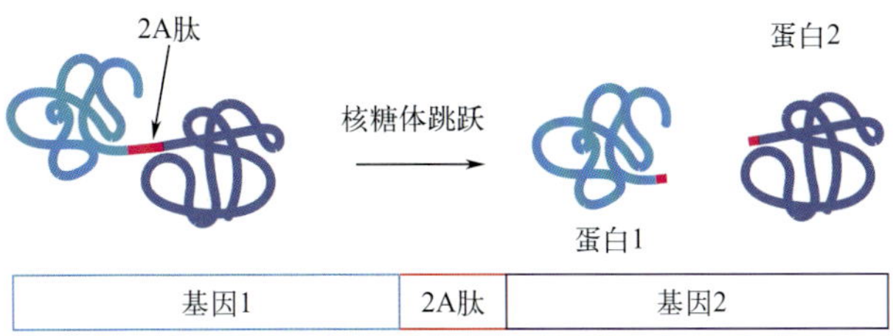

图 5-2　2A 自切肽作用示意图

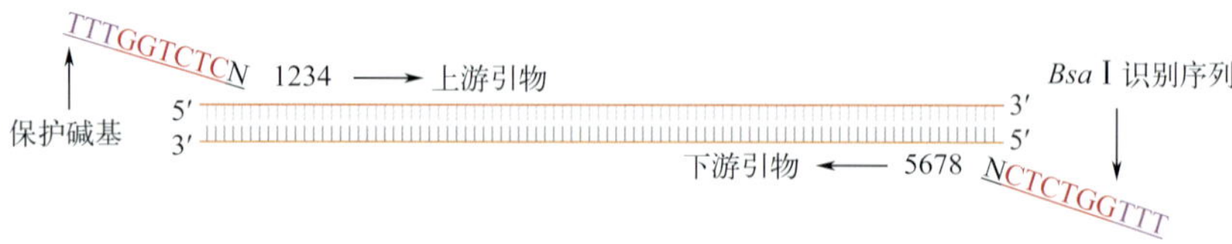

图 5-3 Golden Gate 体系引物设计示意图

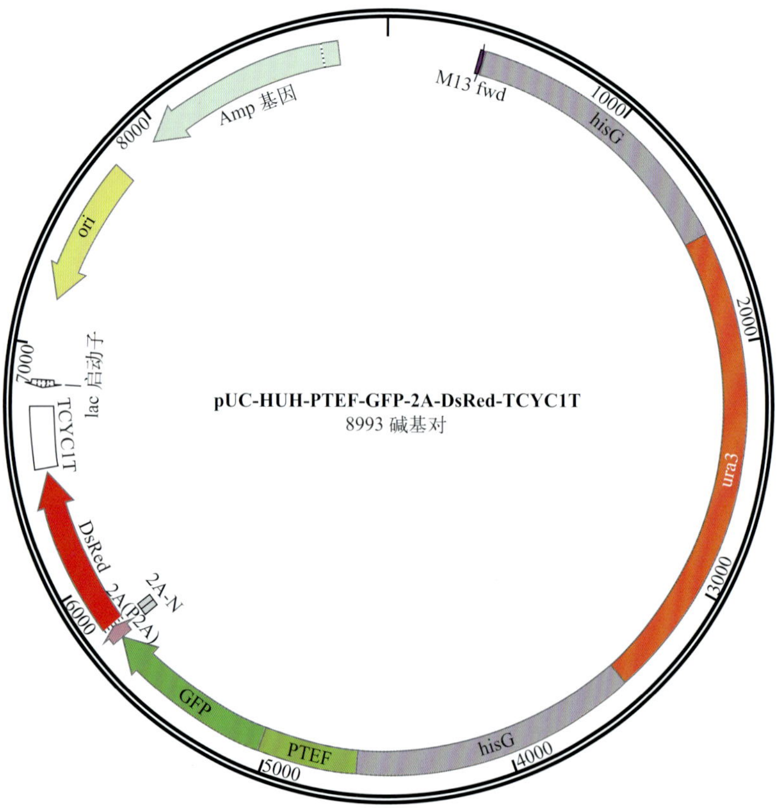

图 5-4 pUC-HUH-PTEF- GFP-2A-DsRed -TCYC1T 图谱

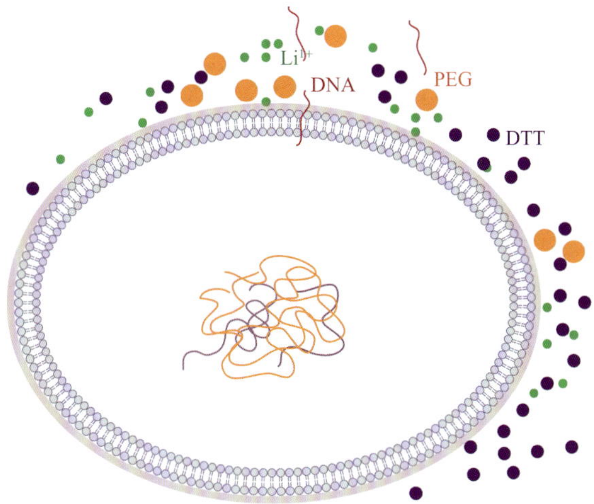

图 5-5 酵母的 LiAc/PEG 转化示意图

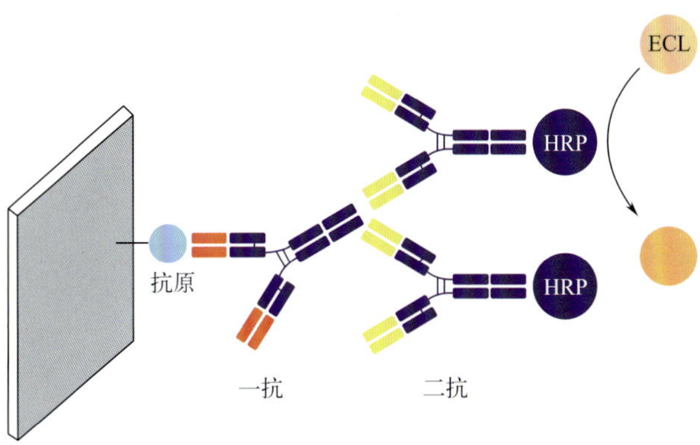

图 5-6 Western blot 检测体系中“一抗-二抗-HRP-ECL”发光原理

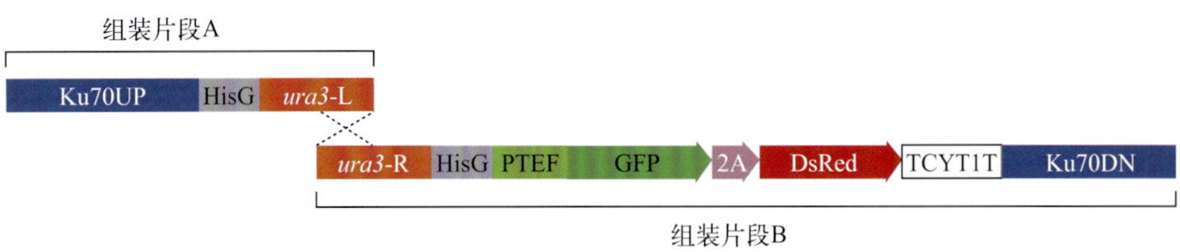

图 5-8 组装片段 A 和 B 示意图

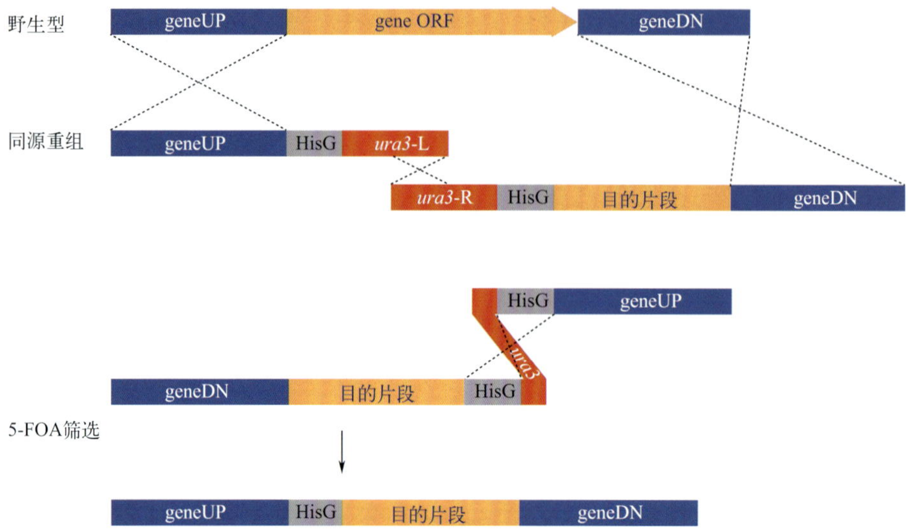

图 5-7　DNA 组装和 URA-blaster 原理示意图

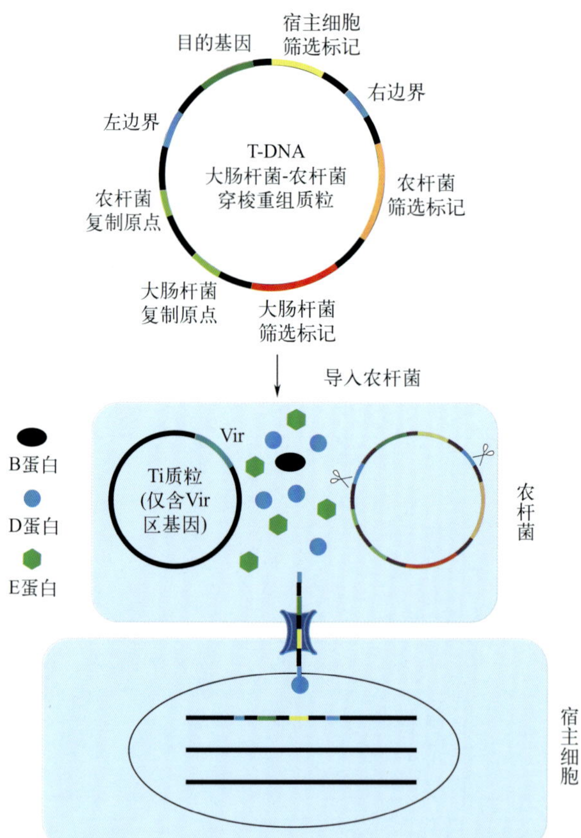

图 6-1　农杆菌介导 DNA 转化的过程简图

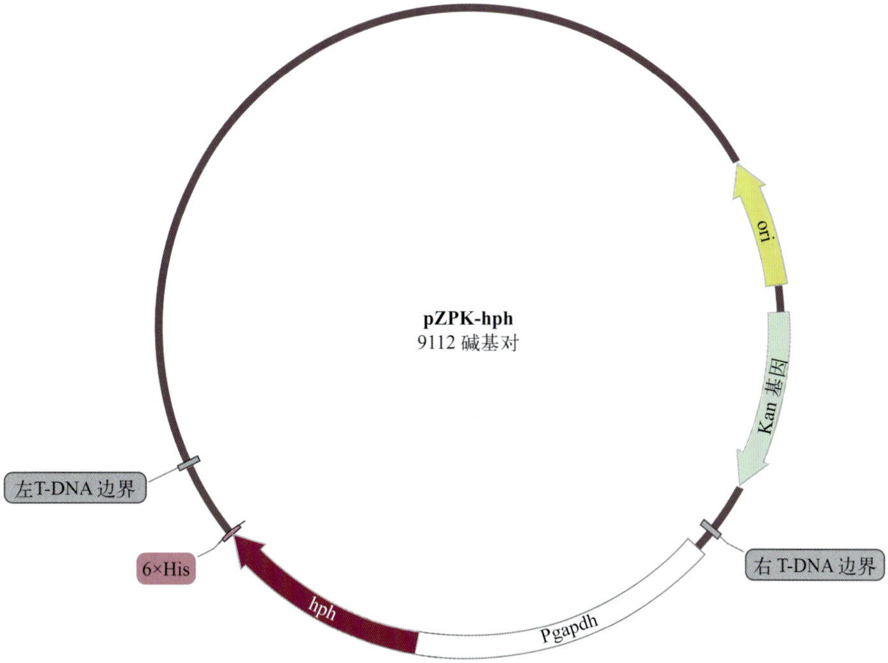

图 6-2 农杆菌 pZPK-hph 质粒图

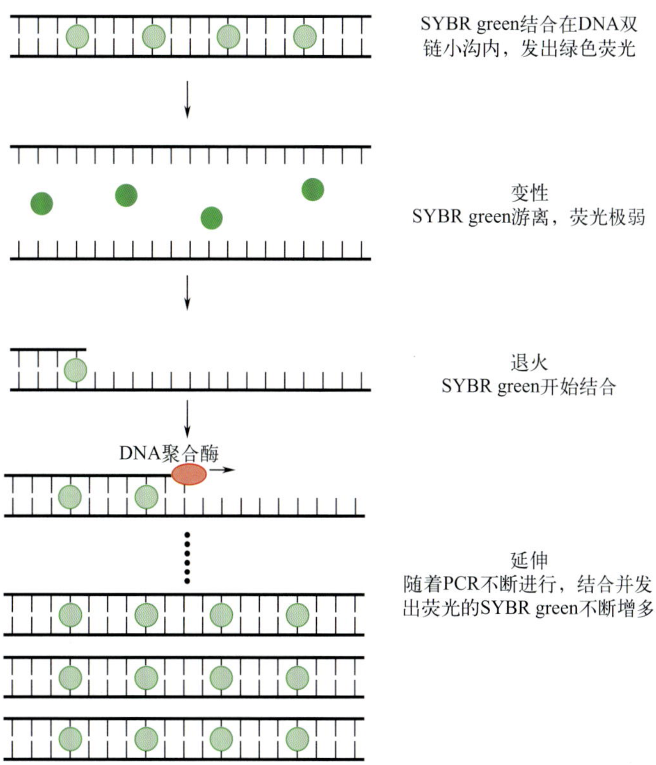

图 6-3 SYBR Green 法 qPCR 原理图

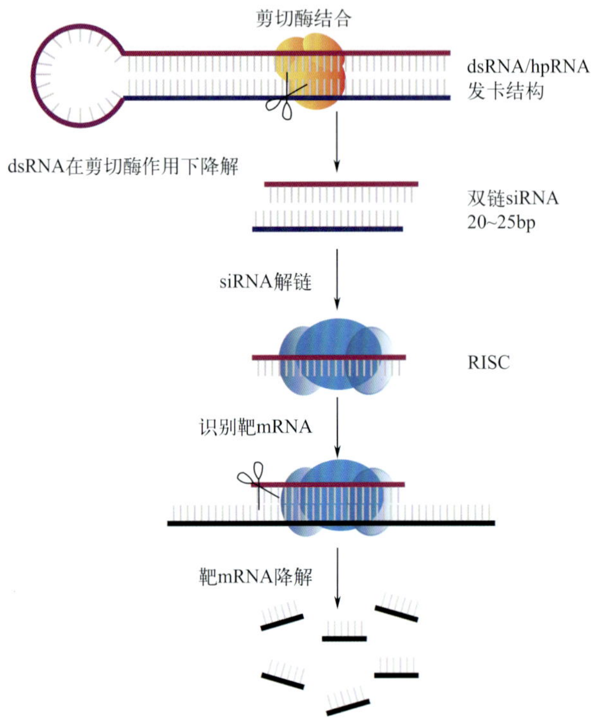

图 7-1　RNAi 机制简图

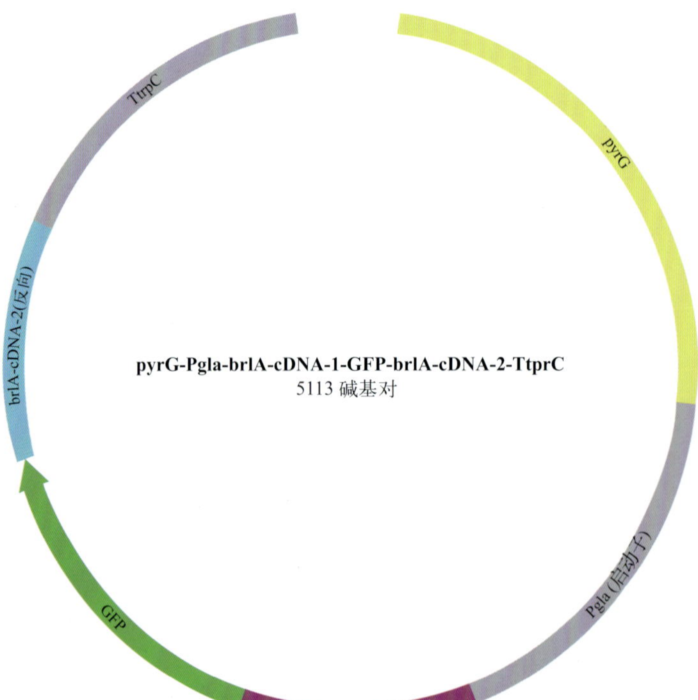

图 7-2　pyrG-Pgla-brlA-cDNA-1-GFP-brlA-cDNA-2-TtprC 排布图